U0157301

浦睿文化　出品

FLOWERS *of the* AMAZON FORESTS

The Botanical Art of Margaret Mee

森林之花

玛格丽特·米的植物学笔记

[英] 玛格丽特·米——著　　[英] 李永学——译

Margaret Mee
September, 1975
Mormodes amazonicum
Urucará, Amazonas

目录 | Contents

Margaret Mee
September 1978

Cochleanthes amazon
(Rchb. f. & Warsc.)

序｜Preface

《森林之花：玛格丽特·米的植物学笔记》（*Flowers of the Amazon Forests: The Botanical Art of Margaret Mee*）一书图解说明了玛格丽特约六十幅的主要作品，另外还有她在森林中绘制的许多素描。她在旅途中一直保持着写日记的习惯，书中的文字也来自其中，叙述的主要内容是她作为植物学艺术家的工作，和她关于急剧消失的巴西热带雨林的思考。

玛格丽特被她遇到的形形色色的巴西人所吸引，经常与他们一起短暂地生活；她特别喜欢遇到的那些在河边居住的人，多年来与他们中的许多人成为了朋友。她身材娇小，有着蓝眼睛和金头发。她认为，即使在偏远的森林地带也不应该降低标准，而应让自己的外表看上去和在文明世界中的一样。她戴着手套，并在太阳帽上围了精细的网罩，尽管如此努力，她还是抵挡不住一种叫作“皮嗡”（*pium*）的南美黑色小飞虫的侵袭。她一直保持着幽默感，即使在最危险和最恶劣的情况下也总能看到有趣的一面。她从未失去过对工作的热情，总是不遗余力地研究稀有物种的相关报告；她甚至发现了几个新物种，其中有些以她的名字命名。

从一九五六年的第一次旅行开始，玛格丽特便一直坚持写旅行日记。除了记录路线、行程和她发现的植物以外，这些日记还讲述了她在探索亚马孙流域最偏远的地区的探险经历。这本书详细记载了她对亚马孙的花卉、树木、鸟类和动物的评论。但它没有告诉我们她在船上与倔强的船民们一起的惊险旅行，她必须或温柔或严厉地迫使他们合作；它也没有告诉我们她与那些醉酒的勘探者们相逢的情景，她只能用一把左轮手枪阻止他们靠近；它同样没有提及她在河上遇到激流、独木舟进水和突如其来的暴风雨的经历。

在《玛格丽特·米的亚马孙：一位艺术家探险者的日记》(*Margaret Mee's Amazon: The Diaries of an Artist Explorer*）一书中，读者可以读到另一个完整的故事，即用她自己的语言讲述的玛格丽特·米在亚马孙河及其支流上的探险。

▷ 含羞草叶异蕊豆
（*Heterostemon mimosoides*）

导论 | Introduction

全世界的植物学家和艺术评论家都认同：玛格丽特·米是巴西雨林勇敢的探索者和杰出的植物学艺术家。即便在一九八八年的最后一次探险中，她面对在亚马孙地区旅行的危险与苦难仍然毫不畏惧，依然对这一地区丰富得令人难以置信的植物资源充满极大的热情。

一九〇九年，玛格丽特·厄休拉·布朗[1]出生在英国白金汉郡的切舍姆。她年少时就显露出艺术天分，考入了沃特福德艺术学校[2]学习，后来去到利物浦讲授艺术。“二战”期间，她曾在飞机制造公司德哈维兰（De Havilland）担任绘图员，此后又在圣马丁艺术学院[3]和坎伯韦尔艺术学院[4]重新学习，师从维克托·帕斯莫尔[5]。正是在圣马丁，她遇见了自己未来的丈夫，艺术学院的同学格雷维尔·米（Greville Mee）。

一九五二年，玛格丽特前往巴西探望她的妹妹，结果迷上了生机勃勃的巴西风景，于是她和格雷维尔在圣保罗定居下来，而后，在一九五六年迁居里约热内卢。周围环绕着迷人的花草与树木一事令玛格丽特兴奋不已，她感到必须让它们超乎寻常的美丽永远留存下来，从此开始了她身为植物艺术家的职业生涯。

一九五六年，四十七岁的玛格丽特开始了她多次探险中的第一次，沿着亚马孙河的水道，来到了古鲁皮河[6]沿岸的穆鲁图卡姆[7]。在她的朋友丽塔（Rita）的陪伴下，玛格丽特见到了在河边生活的当地人，忍受着变化多端的气候和无情的昆虫，依靠几乎让人饿死的口粮活了下来，并在此后三十二年间一直书写日记，记录她探访亚马孙地区最偏远地带的非同寻常的旅行。尽管有这一切干扰她的

△ 艳红凤梨属植物（*Pitcairnia*）

事情，玛格丽特始终专注于她的使命：寻找隐藏在森林中的美好并将它们记录下来。首先她会当场画出植物的彩色素描，然后回到家中的画室里画出整株植物的大型图画。在玛格丽特·米记录的植物中，有九种是科学界此前从未知晓的，现在它们以她的名字命名，其中包括米氏尖萼凤梨（*Aechmea meeana*）、玛格丽特折叶兰（*Sobralia margaretae*）和玛格丽特彩叶凤梨（*Neoregelia margaretae*）。

旅行途中，她携带塑料袋、采集者用的小篮子和盒子用于保存植物。她时时照看这些植物，以免它们在她回家的漫长途中死去。在家中，她根据旅途中绘制的素描草稿，完成最终的画作。有时她会在某个定居点居住一段时间，为的是尽量让植物活得更久一些。她会在那里开辟小花园，栽种收集到的物种。这些物种中有许多最后在圣保罗和里约热内卢的研究中心落户。

玛格丽特的一些探险旅行长达四个月之久。在两次行程之间，她会在家中作画、教学或者从事其他工作。她有时参与圣保罗植物研究所[8]的研究工作，这份工作让她跑遍了整个巴西，也让她对那里丰富的植物资源有了更多的认识。

三十二年间，玛格丽特·米对亚马孙地区庞大、无法预测而又富饶的雨林魂牵梦萦，一次又一次地在它的诱惑下重新造访。她最初的目的是寻找并描画生长在树冠覆盖下和亚马孙盆地上大河沿岸数不清的丰富植物，但后来，在目睹了这些大森林遭受的商业劫掠之后，她把最初的目的与对这种劫掠感到的忧虑结合了起来。她是一位赤诚的环保主义者，曾直言不讳地对亚马孙森林受到的毁灭性开发发表见解，并因此闻名于世。

人们认可她的工作，巴西政府和美国国家地理学会（National Geographic Society）向她提供了经济资助，她还获得了古根海姆奖[9]。在亚马孙流域工作的那段岁月中，玛格丽特遇见了一些著名的植物学家和环保主义者，也受到了他们的启发。在所到之处保护脆弱的环境，她在这方面的注意力持续增长，而后引导了一场热烈的改革运动，这一点让她受到了第一批指导者的赞扬和尊敬，其中包括兰花专家吉多·帕布斯特博士（Dr. Guido Pabst）和植物学家理查德·埃文斯·舒尔特斯（Richard Evans Schultes）。在她的朋友中，她特别看重巴西景观设计师罗伯特·比勒·马克思（Roberto Burle Marx），因为他们相互欣赏对方的工作，且都曾公开反对亚马孙地区的那些毁灭性的商业开发。经历了几十年的旅行之后，玛格丽特看到、学到了足够多的东西，这使她有信心向具有影响力的巴西林业发展研究所（Institute of Brazilian Forestry Development）提交了一份报告，其中强调了大河流域的居民和动植物生命正遭受愈演愈烈的持续摧残。为表彰她在植物学研究中的所做出的贡献，一九七六年，英国女王授予她帝国员佐勋章[10]，一九七九年，她获得了巴西共和国南十字星勋章[11]。

注释:

1 玛格丽特·厄休拉·布朗（Margaret Ursula Brown），玛格丽特·米改夫姓前的原名。

2 沃特福德艺术学校（Watford School of Art），成立于1874年，在当地公共图书馆开设白天和夜间的各类课程。

3 圣马丁艺术学院（St. Martin's School of Art），后来与中央艺术与设计学院（Central School of Art and Design）合并成为现在伦敦艺术大学最负盛名的中央圣马丁艺术与设计学院。

4 坎伯韦尔艺术学院（Camberwell School of Art），现为伦敦艺术大学七大学院之一。

5 维克托·帕斯莫尔（Victor Pasmore），英国艺术家和建筑师。

6 古鲁皮河（Rio Gurupi），巴西中北部的一条河流，以它为界，西为帕拉州，东为马拉尼昂州。

7 穆鲁图卡姆（Murutucum），位于古鲁皮河沿岸的城镇。

8 圣保罗植物研究所（São Paulo Botanic Institute），位于圣保罗植物园内。

9 古根海姆奖（Guggenheim Fellowship），由美国国会议员西蒙·古根海姆及妻子设立的古根海姆基金会颁发，每年为世界各地的杰出学者、艺术工作者等提供奖金以支持其继续发展探索，涵盖自然、人文社会科学和创造性的艺术领域，不受年龄、国籍、肤色和种族限制。

10 帝国员佐勋章（MBE，即 Member of the British Empire），大英帝国勋章的第五级。

11 巴西共和国南十字星勋章（Brazilian Order of Cruzeiro do Sul），巴西国家最高勋章。

△ 熊氏羽姬藤
（*Memora schomburgkii*）

Couropita
Rio Yamunda, Pará
Margaret Mee

第 1 章

古鲁皮河流域的莲玉蕊属植物

Gustavias on the Rio Gurupi　1956 年

一架小型客货两用飞机离开了圣保罗孔戈尼亚斯机场（Congonhas airport），飞往帕拉州[1]的首府贝伦（Belém）。对于我和同伴丽塔来说，这是我们前往亚马孙的第一次旅行，兴奋之情无以言表。我们都穿着丛林服装，至少我们是这样认为的：蓝色的牛仔裤、长袖衬衫、草帽和靴子。我们囊中羞涩，无法带上超重的行李，而我的帆布背包里放满了一管管颜料和速写本，已经相当沉重了。

在贝伦机场一下飞机，我们第一次领教了热带的炎热滋味，即使在这座小城的无数巨型杧果树的树荫下，高温依然威风不减。

我们在贝伦逗留了几天，在令人神往的港口和市场上探索、散步，精疲力尽时便坐在旅馆外的阴凉处，饮用当地鲜美的西番莲果汁。

但在我们所有的活动中，最有趣也最有用的当属参观戈尔迪博物馆[2]。该馆始建于一八六六年，旨在研究亚马孙流域的自然历史——它的植物、动物、自然资源和生物族群。我们希望在这里找到进入内陆森林的旅行方式，而这次也确实不虚此行，因为馆长瓦尔特·埃格勒博士（Dr. Walter Egler）不仅体谅我们，还为我们提供了非常有助益的介绍、建议和信息。他还非常热心地派一位管理员从一棵高耸的炮弹树（*Couroupita guianensis*）上剪下花朵供我作画。

在博物馆的植物标本部，植物学家弗罗埃斯博士（Dr. Froes）告诉我们，在二十多年前，他曾如何乘坐一架小飞机在巴西和委内

◁ 短梗炮弹树
（*Couroupita subsessilis*）

瑞拉边境上空低飞。那是一个无人知晓的神秘区域，他在那里见到了壮观的瀑布，还在伊梅里山[3]看到了一座巨大的平顶山峰。这位经验丰富的旅行家向我们展示了这个地区的植物蜡叶标本，而且他还请我寻找一种马钱属（*Strychnos*）爬藤植物，据说它生长在我们即将前往探索的古鲁皮河流域的森林中，这一要求简直让我受宠若惊。

布拉干萨[4]是一座被外界遗忘的小港口，我们在那里引起了当地人的好奇心甚至是敌意，因为头戴草帽、身穿牛仔裤、脚蹬靴子的女人实在是一种不受欢迎的新奇现象。我们很快找到了一家简朴的商务旅馆，当然，它尽管便宜而且干净，但居住条件却算不得舒适。

五天之后，我们的船抵达了维塞乌[5]。丽塔和我把吊床并排放在一起。度过了一个心烦意乱的夜晚之后，我在晨曦中见到了有生以来最可爱的景色之一：一群群火烈鸟以深绿色的森林为背景腾空而起，如同一簇簇天竺葵的红色花瓣。

在维塞乌，人们把我们介绍给印第安人保护服务机构（Indian Protection Service，简称 IPS）的长官若昂·卡瓦略（João Carvalho）。我们从他那里得知，我们正要前往的地区是坦姆贝印第安人（Tembé Indian）的聚居区，而乌鲁布人[6]的领地位于河流下游。

◁ 无尾刺豚鼠（*paca*）是一种很像豚鼠（guinea-pig）的小型啮齿动物

▷ 高贵莲玉蕊（*Gustavia augusta*）

Gustavia augusta
Margaret Mee

隔天夜里凌晨两点，在雇员们的小心带领下，我们胆战心惊地走下了如同黑色悬崖般的台阶，来到了我们的船上。浓雾笼罩着河面，我们进入这层潮湿的幕布之后，我的牙齿就开始打战。终于，这条船滑离了它停泊的地点，我们踏上了前往古鲁皮河的旅程！我们在行李中寻找能够抵抗严寒的物品，结果将本应用来挡雨的塑料布拉了出来。我们用它把自己像蝶蛹一样裹了起来，一直坚持到太阳升起，驱散了雾气。

第一夜，我们把吊床挂在一座令人陶醉的湖泊边的树上。听着熟睡的森林发出的魔力般的声音，我难以入眠。只有树木沉睡了，那座湖泊却生机盎然，不断有闪光的鱼溅起浪花，而青蛙的合唱则与夜里鸟的哀鸣交织在一起。

我们在森林中度过白天，为成荫的绿树和在它们林冠下生活的美丽生物而着迷。一只毛茸茸的棕色食鸟蛛蜷伏在我倚靠着的树干上；一只变色龙的脖子膨胀成一个橘黄色的球，正在努力吞下一只

▽ 野猪类（*Peccary*），形如猪的动物

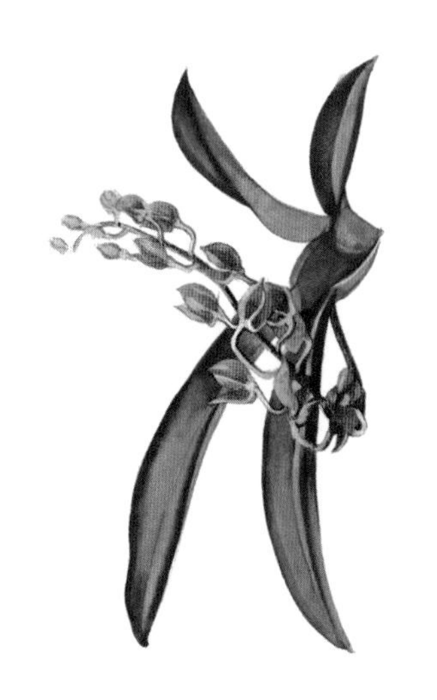

△ 左：披针叶套距兰（*Rodriguezia lanceolata*）
中：蒜香藤叶屈指藤（*Distictella mansoana*）
右：猩红彩苞岩桐（*Drymonia coccinea*）

和它自己一样大、一样绿的竹节虫；一棵盛开着的白色兰花因为昨夜的暴雨而歪歪斜斜地从一棵藤蔓植物上垂了下来；我们努力地向它伸出手去，这使得上方树枝上的两只巨嘴鸟感到十分好奇，它们很有兴趣地追随着我们的古怪动作作为消遣。

可以入画的花朵多极了：粉红色和白色的高贵莲玉蕊（*Gustavia augusta*）、红色的偏花套距兰（*Rodriguezia secunda*）、芬芳怡人的香花树兰（*Epidendrum fragrans*），还有各种凤梨科植物。

夜里经常有暴风雨，在这期间我便躺在自己的吊床上，听着森林中的枝叶沙沙作响，早晨则起来收集倒下的植物。在这样的一次搜寻中，我遇到了一条灰蛇，它刚好伸展着身子横在小路上，无论我用手中的棍子如何敲打它都不肯移动，只是傲慢地凝视着我，我最终鼓起勇气从它身上跨过。

当食物储备快要见底时，我们知道是时候离开穆鲁图卡姆了。如果能够弄到一条小船，我们就能溯流而上，到平加福戈[7]投奔若昂的父亲安东尼奥·卡瓦略（Antonio Carvalho）。亲爱的安东尼奥·卡瓦略老爹是古鲁皮河流域的圣人。古鲁皮河上下游的农民到他那里去，请他读信、写信，听他转述偶尔从维塞乌寄来的报纸上的新闻。他有一个小小的市场果园，因为他善于耕作而长势喜人。他的耕种方法与邻人们通常的刀耕火种不同。他在森林巨树下铲除了一些矮树丛，用持续循环产生的腐殖土做肥料栽种果树。在森林巨树的保护下，他的柑橘树、杧果树、咖啡树和当地果树生长得极为茂盛。拥有这样一座繁茂的果园既有好处也有坏处。尽管他一再教导他的邻居们如何栽种果树，建立自己的小农场，那些心怀妒忌的邻居们看到他树上的累累硕果，总会跑去缠着他讨要吃的东西。他用亚马孙地区盛产的药用植物治好了许多病人，因为他对这些草药的药性有着令人惊叹的认识。我们在他那里落脚期间，他的狗中了猎枪的子弹，我们亲眼目睹了它是如何在他的治疗下恢复健康的。我们刚到的时候，那只狗状态凄惨，但安东尼奥给它涂上了自己炮制的混合草药膏后，它很快就康复了。在我们离开的那天，它已经能站起

◁ 金太阳鹦鹉（*Guaruba*）

▷ 斑纹爪唇兰（*Gongora maculata*）

Margaret Mee
Gongora maculata var. bufonia
Rio Gurupi, Pará
February 1959

来向我们摇尾巴。

尽管安东尼奥对草药学有着这样的知识，但他还是和大多数当地人一样迷信。他认为,确实有一些人拥有使人遭殃的“邪恶之眼”，而且这是他给我们讲的一个故事中的主人翁所具有的特质。曾有一个年轻女孩来见他，当时她就坐在一棵美丽的柠檬树树荫下。第二天，那棵树就变黄了，随即枯萎死去。

后来那个女孩又来了，坐在了另一棵柠檬树下，结果也一样。在此之后，他们就不允许那个女孩再来了。听到这个“邪恶之眼”的故事时，丽塔有些担心，因为她的一只眼睛是蓝色的，另一只是棕色的，所以她忧心人们会不会认为她是一个会带来厄运的客人。

除了安东尼奥和莫西尼哈（Mocinha）之外，还有一对年轻男女住在平加福戈，他们捕鱼、打猎，还干点一般的零活儿。一天晚上他们俩去到“伊加拉佩[8]”深处捕鱼，夜幕降临后，随着时间越来越晚，安东尼奥开始担心他们回不来了。终于在他们回来的时候，那个女孩看上去像个幽灵，那个男孩的短发真的一根根竖了起来。他们受到了惊吓，因为遭到了一只美洲豹的突然袭击。从这次事件之后，每当丽塔和我独自到森林里采集标本时，安东尼奥都很紧张，因为我们被迷人植物所吸引，总是情不自禁地越走越远：这些植物中有灰绿蝎尾蕉（*Heliconia glauca*）、带有白色钟状花朵的小花南美水仙（*Eucharis amazonica*）、长着银色叶子的明脉喜林芋（*Philodendron melinonii*），还有美丽的兰花斑纹爪唇兰（*Gongora maculata*），它花序很长，散发出如同几百朵百合那样强烈的芳香。

我们恋恋不舍地离开了，但也急于回到圣保罗，因为丽塔和我都在圣保罗的一所学校里任教，现在早就过了该回去上课的日期了。

回到圣保罗机场，到处是人声嘈杂的繁忙景象。与其他女士身上穿的夏季衣物相比，我们身上的丛林服装反差太大，实在显眼，

△ 拟黄蓉花
（*Dalechampia affinis*）

而且，我们装满森林植物的大篮子也十分引人注目。在我们停留的古鲁皮河上的小镇里，那个充满绿意与平和的港湾，让我第一次尝受了亚马孙流域的欢乐与艰辛，此刻它似乎远在这颗行星的另一面。

△ 大叶折叶兰
（*Sobralia macrophylla*）

注释：

1　帕拉州（Pará），位于巴西北部，与圭亚那、苏里南接壤。

2　戈尔迪博物馆（Goeldi Museum，即 Museu Paraense Emílio Goeldi），位于帕拉州首府贝伦。

3　伊梅里山（Serra de Imeri），位于巴西北部，与委内瑞拉交界，靠近北赤道。

4　布拉干萨（Bragança），位于巴西帕拉州东北部的城镇，距离首府贝伦约 195 公里。

5　维塞乌（Viseu），坐落于古鲁皮河沿岸，位于布拉干萨东边约 73 公里处。

6　乌鲁布人（Urubu），巴西原住民，主要生活在马拉尼昂州。

7　平加福戈（Pingafogo），位于古鲁皮河沿岸，维塞乌以南。

8　伊加拉佩（*igarapé*），葡萄牙语，指巴西（通航的）小溪、溪涧、小河沟。

Catasetum sp.
Natural hybrid ?
Margaret Mee

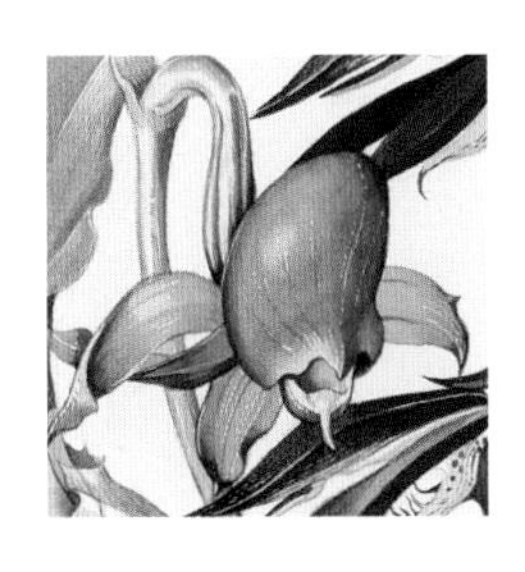

第2章

马托格罗索州的瓢唇兰属植物

Catasetums in the Mato Grosso　1962年

沿古鲁皮河溯流而上的旅程相当艰难，但与亚马孙广袤的森林和水道的亲密接触给了我一种无法抗拒的欲望：回到亚马孙，去获得更多的发现与灵感。自从在古鲁皮河流域的森林里瞥见了它无穷无尽的可能性，我便意识到自己被这个离奇而又令人振奋的世界迷住了，那里的每一棵树木、每一株植物对于我来说都是新奇的，上面满是动物、鸟类和昆虫。我的心中萦绕着重返亚马孙的渴望，于是，在一九六二年，当旅行的机会再次出现时，我热切地抓住了。

我们乘飞机离开圣保罗前往库亚巴[1]，途中曾在大坎普[2]和科伦巴[3]着陆。在科伦巴和库亚巴之间，潘塔纳尔湿地[4]就在我们的机翼之下，那是一片湖泊和水道组成的原始景观，一直延伸到遥远的

◁ 瓢唇兰属植物（*Catasetum*），可能是一种自然杂交品种

天边。一些小山丘或是被奔腾的洪水隔离，或者由狭窄的地峡相连。在接近库亚巴的地方，景色突然一变，变成了桌面一样的山顶和广阔的湖泊，森林覆盖着平原和山坡。

我们乘坐汽车经过小镇西罗萨里奥[5]，随后便经过了一片茂密的矮灌木丛，当地人称之为“赛拉多”（*cerrado*）。一直到夜幕降临，我们都在这个地区穿行。没有任何房子和人类。可想而知这是最孤独的地方。野兽不时地出现，但在汽车前灯的照射下显得不知所措。两只漂亮的狐狸穿过车道，它们银灰色的耳尖上带有黑色；四只豹猫消失在夜色之中。有一次，当我们奋力把旅行车从沙地里推出来的时候，我看到了美洲豹的爪印。

在格莱巴阿里努斯[6]逗留了几天之后，我们乘坐一条工作用的小汽船“圣罗莎号”（Santa Rosa），开始溯河而上。这条汽艇是用来运输散布在遥远的阿里努斯河[7]和上茹鲁埃纳河[8]的橡胶园里出产

◁ 豹猫是一种野生猫科动物，比美洲豹小

▷ 艾黛拉蝎尾蕉（*Heliconia adeliana*）

Margaret Mee
July, 1981
Heliconia adeleana L.Em.
Amazonas

△ 我越来越喜欢和夜猴（night monkey）待在一起了。

的橡胶的。

在阿里努斯河水域上的第一夜我并没有睡太久，只顾着欣赏流水和热带森林中的生命发出的许多声响。黎明之后不久，我们沿着河流继续行进，阿里努斯河渐渐失去平静，变得越来越美丽，充满了戏剧性的场景。河流被岛屿和许多巨石群撕得支离破碎，在水面下方，巨石的表面生长着玫瑰粉色的水生植物。这些巨石可以让我们清楚地看到雨季时河流的上涨情况，吃水线以下的部分颜色相对黑些，而以上的部分颜色较白。它们形成了相当纯粹的形式，或许这正是亨利·摩尔[9]或者芭芭拉·赫普沃斯[10]梦寐以求的。巴西的这部分国土相当平坦，在繁茂的阿黛棕榈树（Assai palm）和深色的布里蒂棕榈树（Buriti palm）森林后面偶尔会出现小山丘。

潜水的鸟类极多，它们黑色的脑袋和黄色的尖嘴刚好露出水面。在暮色的辉耀下，金刚鹦鹉成双成对地在我们头顶上飞翔，它们灿烂的羽毛上闪烁着红色的阳光。隐士般安静的鹳鸟有着宽阔的翼展，它们飞向隐蔽在丛林中的家园。我在这条河和上茹鲁埃纳河汇集的河口采集到了一株美丽的灯心草叶盔蕊兰（*Galeandra juncoides*）。

在上茹鲁埃纳河的旅途中，我收集的植物变得越来越有趣了。很快，蝎尾蕉属（*Heliconia*）、瓢唇兰属（*Catasetum*）、巴拉索兰属（*Brassavola*）、铁兰属（*Tillandsia*）的植物都接踵而至。

树木美不胜收，在黑暗森林的叶丛中，没有叶子的庞然大物隐

▷ 凤梨科帕拉铁兰（*Tillandsia paraensis*, Bromeliaceae）

约可见。那是木棉科（Bombacaceae）和紫葳科（Bignoniaceae）树木，它们有着微微闪着白色光芒的树干和向四处伸展的树枝。黄花风铃木（Golden Ipé）和红木棉（Red Bombax）正值花季，从一棵树黑暗的林冠下方垂下了长长的、暗红色的花朵形成的流苏。

一天，舷外发动机的声响打破了寂静，远处一条闪闪发光的大型铝制独木舟进入了我们的眼帘。一位名叫帕拉（Pará）的乌鲁比印第安人（Urubi Indian）驾驶着独木舟，运来了我们的行李，随后我们加速向阿里普阿南[11]的营地方向开去。第一个夜晚，在人迹未至的原始丛林心脏地带的天空之下，我躺在吊床上，但没怎么睡着，而是倾听着我不熟悉的奇怪声响，抬眼看着头顶上方的树。一轮皎洁的明月透过树叶照耀着。一头豪猪住在我头顶上的树冠中，一些夜猴在周围嬉戏。它们一直在森林中陪伴着我们。我的确越来越喜欢和猴子们待在一起了，天黑之后它们在营地周围徘徊不去，后来甚至大胆地跑过来在我的吊床上玩耍。它们也是很好的警卫，如果

△ 水塔花属植物的果实（Seeds of *Billbergia*）

◁ 巴西大水獭(Ariranha）也叫亚马孙水獭。这些漂亮的生物那时候就很少见了，因为人们喜爱它们的漂亮皮毛而滥捕水獭

▷ 美饰水塔花（*Billbergia decora*）

Margaret Mee
July 1978
Billbergia decora Poepp. & Endl.
Archipelago das Anavilhanas
Rio Negro, Amazonas

附近来了美洲虎或者小一些的野猫，它们总是会发出警报。

阿里普阿南位于上茹鲁埃纳河边，到处是河流上涨时留下的浅池塘。在河流水位高时，我们看见那里的鱼沿着池塘边的泥沼用自己的鳍“行走”了相当长的一段路，产下了鱼卵。它们随着泥沼干涸而死去，只有在雨季来临、河水上涨时，它们产下的卵才会孵化成幼鱼。

正是在这条宽阔河流的西岸，在自远古时期以来似乎人迹未至的森林里，我第一次见到了一种可爱的凤梨科植物（未经分类的），它们的植株散布在植被覆盖的土地上。遗憾的是它的花期已经差不多结束了，那些还没有完全干掉的花朵也已经开始枯萎。由橙粉色的苞叶组成的大莲座丛沉到了长长的多刺叶子中间。我发现了一两颗成熟的果实，是鲜黄色的，尝起来味道像菠萝。每棵成熟的植物都向外伸展出大量的分枝。它们的外观看上去与母株非常不同，叶子几乎像竹片一样，上下方都带点紫色。

◁ 犰狳（Tatupera，学名 armadillo）

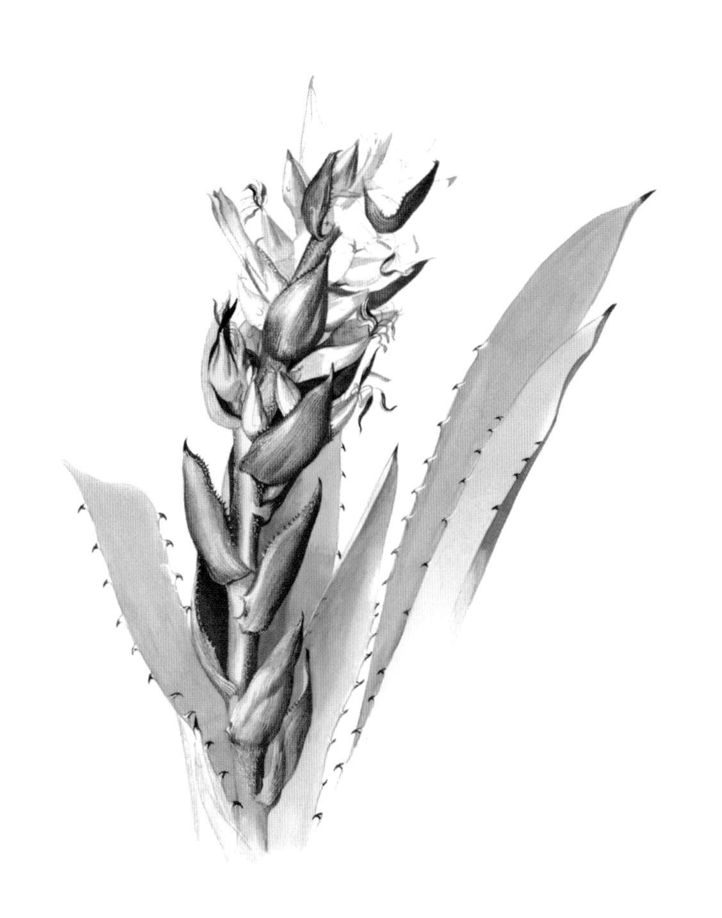

△ 波皮格氏扭萼凤梨
（*Streptocalyx poeppigii*）

雨季来临时，这个地方一定会被淹没，因为河水至少会上涨三米。这一点可以清楚地从那些圆顶状的巨石上看出来，它们像雕塑一样成群地矗立着，又一次呈现出吃水线之下黑色、吃水线以上白色的现象。向内陆走去，地面成了一个被黑色泥沼的沟渠贯穿的圆丘状的迷宫。树木很是高大，形成了一个高高在上的黑漆漆的林冠。在这座森林的某些地方，很少有甚至完全没有林下的灌木丛。在有植物的地方，它们主要是竹芋属（*Maranta*）、蝎尾蕉属和天南星科植物（Aroid）。树的种类变化繁多，从纤小细长的小树到由盘结树根支撑的大型树种。

早晨我很早就醒来了，似乎隐约听到了犬吠的声音。我从吊床上一跃而起，跑到河边声音传来的地方，恰好看见六只水獭跳进水里。它们离开岸边，游到了一座岛屿上，在那里尽情享受着阳光，恣意玩耍。它们当中有四只成年水獭和两只幼龄水獭。后来它们又从那座岛上游到了对面的岸上，由于河面太宽，这时已经看不太清楚了。这些漂亮的生灵已经很少见了，它们总是因为自己的皮毛而被人类肆意捕捉杀害。

人们选派了七位当地人帮助我采集标本，其中一位名叫若泽（José），是一个可爱的印第安男孩。他很聪明，动作极为敏捷，爬起树来如同猢猴般轻松自如，还能攀着藤条荡秋千，借以登上那些很难直接爬上去的树木。我曾严厉地呵斥他，要他在摔断脖子之前从树上下来，但他只是不以为意地讪笑着，又接着玩更加危险的把戏。后来他为我找到了一些非常可爱的植物，包括我一直在寻找的斯氏尖萼凤梨（*Aechmea spruceii*），还有一株有着红色的毛花领子和深颜色的叶子，上面点缀着银灰色的斑点和条纹的水塔花属植物（*Billbergia*）。

后来我和雷蒙多（Raimundo）一起去采集植物，他说要用独木舟带我前往一座石头小岛，那里是用其他方式无法抵达的。我们沿着河流向小岛划去，那真是一段灿烂而平静的旅途。岛上是名副其实的植物天堂。我在那里发现了一株少见的兰花，名为囊花瓢唇兰（*Catasetum saccatum*）。在长着诸多瘤结的树木上，缠绕着兰花一丛丛银色的根和假鳞茎，有些甚至还带有干了的雌花。那些树看上去虽然像番石榴，但显然是桃金娘科植物（Myrtaceae）。在长满地衣的树皮上，一些黄蜂的蜂巢紧贴着树的根部，它们就像混凝纸浆[12]做成的小纸杯，杯口整齐地盖着。当兰花凋谢时，那些黄蜂（也可能是蜜蜂）便会离开它们生活过的家。干掉了的水生植物如花彩般装饰了这些树的小细枝和大树枝，以及灌木丛和光滑石头上的吃水线。由此可见，在雨季，这些瓢唇兰属植物的位置只不过距离河面上方

▷ 囊花瓢唇兰
（*Catasetum saccatum*）

Margaret Mee
1977
Catasetum saccatum Lindl.
Amazonas

半米高。

与这种兰花一起的还有两种凤梨科植物，它们也生长在树丛中。一种是帕拉铁兰（*Tillandsia paraensis*），枝叶是粉红色与银色的，花朵如同仙客来（cyclamen flowers）；还有一株灿烂的水塔花属植物，它的叶子形成了一根“管子”，被无情的黑色尖刺保护着。“管子”下面悬挂着一个可爱的花序，在洋红色的苞叶下方，上面有着绿色花萼的复合尖刺，而最顶端是黄色的花朵。

我们回到了印第安人多户合居的公共长屋（*maloca*），收拾好了我的植物和其他物件，运送橡胶的那条汽船恰好在此时到来。热拉尔多（Geraldo）不想逗留，我只能依依不舍地离开了。一路上紫葳科钟花树（Ipé，Bignoniaceae）盛开的金色花朵点亮了整座森林，还有木棉树（Bombax）的新叶从不久前还光秃秃的枝条上钻了出来。河流的这一段看上去真是一片春光旖旎！

河里的许多小岛上都栖息着苍鹭；河边沙滩上盛开着紫色和黄色的花朵；结满浆果的树丛和地衣中间生长着兰花和铁兰，还有全副武装长着大黑刺的霸道的托坎尖萼凤梨（*Aechmea tocantina*）。除了我们在小岛上见到的美丽的鸟类，这里还有极小的蝙蝠、乌龟和无比吓人的大水蟒。

我们在返回阿里努斯河的路途上看到了七只貘，其中有两只幼兽，都是些可爱的生灵。

这次旅行中的最后一道急流叫五口激流（Cinco Bocas），看上去十分壮观。五条溪流在这里交汇，形成了一处复杂的水道，到处是险恶的礁石和湍急的水流。在八月这个低水时节里，它是最难通过的水道之一。所以，当过载的汽船终于抵达格莱巴阿里努斯时，我真是有种谢天谢地的感觉。在那里，热拉尔多将我的植物和行李放进他的卡车里，然后冒着一路的红色尘雾，把我送到了一家所谓

△ 蝎尾蕉属植物（*Heliconia* sp.）

的“旅馆”。

我和一些来自格莱巴阿里诺斯的勘探者一起，乘坐卡车前往库亚巴，结果得到了出人意料的奖赏——看到了一棵令人无法忘却的神奇之树：距花落囊花（*Qualea suprema*，同 *Erisma calcaratum*）。它就在长廊似的树林里，耀眼的蓝色林冠闪着光芒，这是龙胆属植物花朵的颜色。后来我在穆通河的峡谷[13]又一次见到了这样绮丽的景象。我暗自决定，总有一天会再来探寻这棵距花落囊花。

△ 铁兰属植物
（*Tillandsia* sp.）

注释：

1 库亚巴（Cuiabá），马托格罗索州的首府。

2 大坎普（Campo Grande），位于南马托格罗索州，也是该州首府和最大城市。

3 科伦巴（Corumbá），位于南马托格罗索州，靠近巴西国境，西临玻利维亚。

4 潘塔纳尔湿地（Pantanal），世上最大的湿地，地势平坦而轻微倾斜，有着曲折的河流。位于巴西马托格罗索州及南马托格罗索州，湿地部分在玻利维亚及巴拉圭境内，总面积达 242,000 平方千米。

5 西罗萨里奥（Rosario do Oeste），马托格罗索州的一个市镇。

6 格莱巴阿里努斯（Gleba Arinos），马托格罗索州的一个市镇。现名为加乌舒斯港（Porto dos Gaúchos）。

7 阿里努斯河（Rio Arinos），位于马托格罗索州，由东南向西北汇入茹鲁埃纳河。

8 上茹鲁埃纳河（Rio Alto Juruena），茹鲁埃纳河上游、发源地。

9 亨利·摩尔（Henry Moore，1898—1986），英国形式主义雕塑家。

10 芭芭拉·赫普沃斯（Barbara Hepworth，1903—1975），英国形式主义雕塑家，亨利·摩尔的朋友。

11 阿里普阿南（Aripuana），马托格罗索州的一个市镇。

12 混凝纸浆（*papier mâché*），法语，又称作纸浆艺术，是一种基于纸浆材质的创作艺术。或以纸张、黏胶、漆等层层添加组合而成的乍看状似模型石膏的混凝纸浆作品，用以做出各式作品，之后再加以着色。

13 穆通河的峡谷（Corrego do Rio Mutum），位于马托格罗索州的东南方向。

▷ 托坎尖萼凤梨
（*Aechmea tocantina*）

Margaret Mee
August, 1981
Aechmea tocantina Baker
Rio Nhamunda, Amazona

Heliconia acuminata
Amazonas, near
Manaus, Nov 1964
Margaret Mee

第3章

沃佩斯附近的蝎尾蕉属植物

Heliconias around Uaupés　1964—1965年

只需要划上两天独木舟，就可以从阿里普阿南（马托格罗索州）的营地到达塔帕若斯河[1]，这条河接着流入亚马孙河。一想到自己已经到过距离这条宏伟的大河如此之近的地方，我便暗下决心，下次的旅程将会是亚马孙地区的中心地带。我与曾经在这个地区探索过的科学家讨论过，又仔细地研究了地图，最后决定了自己的下一个目的地：位于巴西遥远的西北角的沃佩斯河[2]。

十一月阴冷灰暗的一天，凉风吹动，一架巴西空军的飞机从圣保罗的孔戈尼亚斯机场起飞。随着旅途的展开，机翼下的景色越来越美：森林，一片又一片的森林，中间偶尔穿插着茂密的矮灌木丛，还有红色的巨石悬崖，它们陡峭的山壁记录着从史前时代以来的悠悠岁月。浩瀚的江河在一望无际的丛林间徜徉，阳光照射下，它看上去如同流动的黄金。

在玛瑙斯着陆的时候，我实在是精疲力竭了。幸运的是，克劳迪奥（Claudio）为我们推荐了一家还算可以的旅店，我可以在那里洗个淋浴，然后一身轻松地平躺在干净的床上。第二天我搬进了巴西亚马孙国家研究院（INPA, National Institute of Amazon Research）的学生宿舍，然后以那里为基地，多次造访杜克森林保护区[3]。这是一片美丽的林区，以巴西植物学家阿道弗·杜克[4]的名字命名。杜克曾在亚马孙森林中长期生活，一年四季都在研究那里的植物。

◁ 尖苞蝎尾蕉
（*Heliconia acuminata*）

我满怀热情地作画，因为在保护区及其周围可以入画的素材太多了：在一丛林木下生长着淡黄色毛花的尖苞蝎尾蕉；由蝙蝠在夜里为它的花授粉的长叶扭萼凤梨（*Streptocalyx longifolius*）；有着红色与紫色长花序的波皮格氏扭萼凤梨（*Streptocalyx poeppigii*）；除了这些，还有其他许多奇妙的植物。

我得到了慈幼会[5]的殷勤招待。组织里的一位神父和两位修女先在梅尔塞斯[6]迎接我，而后在当地一些图卡努印第安人（Tucano Indian）的目送下，我们一起登上了开往沃佩斯[7]的邮船。

刚刚上船就下起了倾盆大雨，我们只得关上所有的门窗。行船期间，我们的邮船驾驶员库图马（Tucumã）只得透过一个小缝隙凝视外面，对付一道又一道急流。当暴风雨过去之后，远方的库里库里亚里山[8]已经出现在地平线上了。由于这座山脉的外形轮廓，当地人称它为“睡美人山”（Bela Dormecida）；在数公里之内，这座山都是人们眼前挥之不去的景观，它也成为了广阔的沃佩斯河上的众多花岗岩岛屿迷人的背景。

◁ 善良而又好客的修女们

▷ 波皮格氏扭萼凤梨（*Streptocalyx poeppigii*）

Margaret

经过几个小时的航行，我们已经能够看到慈幼会的白色塔楼和修道院了，它们就坐落在沃佩斯小镇的近郊。我们在河滨靠岸，一辆卡车装载着我们几个人加上行李，开到了慈幼会。我在那里见到了执事修女埃尔萨·拉莫斯（Elza Ramos）。她带我看了我的小房间，那里清幽僻静，光线充足，足够我作画。而后她还给了我柠檬汽水，让早就口干舌燥的我感到一阵轻松。

◁ 橙胸鹦哥（Cacaué）

△ 沃佩斯河（Rio Uaupés）

接着我去探索了教会周围的村庄，并在圣加布里埃尔达卡舒埃拉壮观的瀑布旁漫步。在那里，无论往哪个方向都能看到壮美的远景，而附近的沼泽里遍地盛开着我前所未见的花朵。在河边的沙地上有成群淡绿色和黄色的蝴蝶，如同花瓣一样随风而起，接着便消失了。我后来得知，这些蝴蝶是到河边潮湿的泥土里吸吮硝石的。

一天夜里，一位印第安姑娘给我带来了消息，说汽船将在第二天一早开往库里库里亚里。银色的沃佩斯河上刚刚破晓，三位图卡努姑娘和我来到了“港口”。若昂开船送我们穿过了几道翻滚着泡沫的汹涌激流，来到了睡美人山的群峰脚下。

△ 屈指藤属植物（*Distictella*）

岛上的树木一片白茫茫的，开满了兰花。库里库里亚里的“港口”的明显标志是一片森林，看上去如同一个倒在地上的巨人。它悬挂在河岸上空，如同一个正在扭动的远古生物。村子里只有为数不多的棚屋，相互间距离不小，而且全都深藏在树木的掩映下。一间大棚屋，即多户合居的印第安人房屋，只用于仪式与庆祝。经过两天行程，我们与若昂和奥克塔维奥（Octavio）一起，终于来到了山脉前面。

我们向上游划了大约一个小时，这期间我的目光一直紧盯着

△ 泽蔺花
（*Rapatea paludosa*）

河岸。我的专注终于得到了回报：我看到了斑纹尖萼凤梨（*Aechmea chantinii*）和一株精致的盔蕊兰属植物（*Galeandra*）。许多溪流汇入库里库里亚里河，我们把独木舟停泊在其中一条溪流入口处的树荫下。两位印第安人带路，我们走进了伊加拉佩旁边的森林，那里十分干燥，好像到了年底一样。我把在河岸上采集到的稀有植物留在独木舟旁，而心里还在因采集到它们而感到激动不已。

我们继续深入森林，它是由庞大的树木组成的，其中许多靠拱壁一样的树根支撑。随着树木越来越浓密，光线也越来越暗

◁ 在圣保罗，我们的花园里作为宠物生长的一只大蜥蜴（teju, 原产于安的列斯群岛）。这种蜥蜴可以长达 3 英尺（91.44 厘米）以上

▷ 米氏粉垂蝎尾蕉（*Heliconia chartacea var. meeana*）

▽ 内格罗河，1964 年

淡了，而在淡绿色的微光照耀下，我看到了一片泽蔺花科植物（Rapateaceae），它们是奇怪的水生植物。大叶子的中央是深粉色的，从那里长出了纤细的茎秆，最高处是两个三角形的玫瑰色苞叶，苞叶中间有大团深紫红色花萼，簇拥着一丛丛淡黄色的花瓣。花瓣如同蛛丝一般纤弱，如果我把它挖走，它们一定会在旅途中凋谢；所

Heliconia uaupénsis E.M.
Amazonas, Rio Uaupés
Margaret Mee

以我决定先不动它，等回程时再作打算。我们很快就把它们远远地抛在身后，接着进入了如同大教堂一般昏暗、带有空谷回声的森林之中。

一进入这里，我们突然置身于一座灿烂的绿色“卡廷加森林”[9]之中。树木不像之前那样高大壮观，它们带有螺纹的树干上布满了色彩绚丽的附生植物，一直从拱顶状的树根延伸到遍布蕨类的土地上。在离开了这片绿光照耀的森林后，我们又一次进入阴郁的丛林，只有看到在树木的冠盖下高高生长着的紫晶般的椭圆叶异蕊豆（*Heterostemon ellipticus*）花朵的颜色时，我们的心灵才感到了慰藉。

第二天早上，我们扑灭了营火的最后一丝余烬，然后便开始攀登库里库里亚里山，也就是植物学家理查德·斯普鲁斯[10]在一八五二年探索过的那座山脉。从他的那次探险到现在，一百多年弹指而过，但这一地区很可能从未改变，因为在山脉悠远的生命中，一个世纪也不过是短短的一瞬间。

△ 粘毛书带木（*Clusia viscida*）

▷ 林生书带木（*Clusia nemorosa*）

▽ 内格罗河，1964 年

Margaret Mee
1973
Clusia nemorosa G.E.W. Meyer
Amazonas, Rio Aracá

我的下一段水路旅行将在位于沃佩斯河上游的塔拉夸（Taraquá，或 Taracuá）开启，为此我必须先乘汽船去梅尔塞斯，再从那里乘两栖飞机去塔拉夸。我热切地探索周围的环境，在附近乡村的第一次远足中就发现了许多有趣的植物，其中包括一株美丽的黄白两色的紫葳（bignone），以及一株木兰叶屈指藤（*Distictella magnoliifolia*），这是洪堡[11]于一八〇〇年在奥里诺科河[12]的旅行中首次发现的，后来直到一九〇五年它才被罗伯特·科克[13]在同一地区再次发现。那里还有书带木属植物和各种兰花，以及一种非常特别的沼泽植物——泽蔺花（*Rapatea paludosa*）。

塔拉夸的卡廷加森林是我见到过的这一类型最美丽的植被之一。附生植物缠绕在树上，那些树有一半被潮湿的青苔覆盖着，而

▽ 贝拉维斯塔（Bela Vista）

在沼泽环绕的一座湖泊中央生长着一株猪胶树属植物，上面满是白色鲜花组成的圆锥花序。这些白花悬挂在卵形大树叶之间，花的中央是红色的。只要沿着一根倒下的树干走过去，就可以勉强走到这些花跟前，文森特过去给我弄了几簇花和叶子。整个地区就是个植物的天堂；那里有三个品种的泽蔺花属植物（*Rapatea*），有花烛属植物（*Anthurium*），和一株迷人的兰花，它开着淡绿色的、羽毛般的穗状花序。

一天，我独自来到教堂背后，在那片部分被清理过的田野里漫步，突然看到了一株壮观的书带木属植物。这棵树被深玫瑰色花朵遮掩着，上面还挂着如同中国灯笼一样的果实。这是粘毛书带木（*Clusia viscida*）的雌性植株。第二天，我在离这里不远的地方采到

了这个物种的雄性植株，它生长在附近一棵纤细的树上，白色的花朵上带有些许黄色。

一天晚上，夜已经深了，前往沃佩斯的汽船到来，我在塔拉夸的逗留也要结束了。第二天一早我上船出发，穿过开满鲜花的树林，其中最瑰丽的当属“金刚鹦鹉的尾巴”（Rabo de Arara），又叫亚马孙蜜瓶花（*Norantea amazonica*）。它是真正的寄生植物，绯红色的花冠一直拥簇到最高的树木上。随着旅途的进行，两边渐渐出现了河滩和沙岸，因为从八月以来，河流的水位已经下降了不少，到了这个时候已经很低了。气温也下降了，几乎可以说挺冷的了，这对我被太阳晒伤的皮肤来说是件好事。河岸上出现了少数棚屋，但相隔很远，它们都在打着漩涡的瀑布旁边的岩石上，周围是一丛丛高大的棕榈科植物。大部分山脉距离岸边有一段距离，但我听说，有些离河边比较近的山峦可以很容易地乘坐独木舟抵达。

我原本希望乘坐一架巴西飞机前往伊萨纳[14]，但实际上却是乘坐神父的汽船去的。我们用了两天时间才抵达那里，且中途不曾停歇。我急切地想要探索这个诱人的地区，结果真的踏入了我到过的最美丽的卡廷加森林之一。多沼泽的土地上覆盖着好多天南星科植物，它们螺旋状的佛焰苞高举在叶丛的上方，看上去像橄榄绿色和板栗色的天鹅绒。

正是在这座令人敬畏的森林中，我发现了一株椭圆叶异蕊豆，上面盛开着紫水晶般的花朵。人们经常称它为树兰（Orchid Tree），因为它的花朵看上去有些像蕾丽兰属（*Laelia*）和卡特兰属（*Cattleya*）。我很幸运，采到了一些花朵和一支带有叶子的小树枝，因为高大的异蕊豆属植物在一场暴风雨中倒下了，一些树枝很容易接近。自从在库里库里亚里见到它一次之后，我一直渴望着能为这种豆科植物作画。

▷ 箭叶尾苞芋
（*Urospatha sagittifolia*）

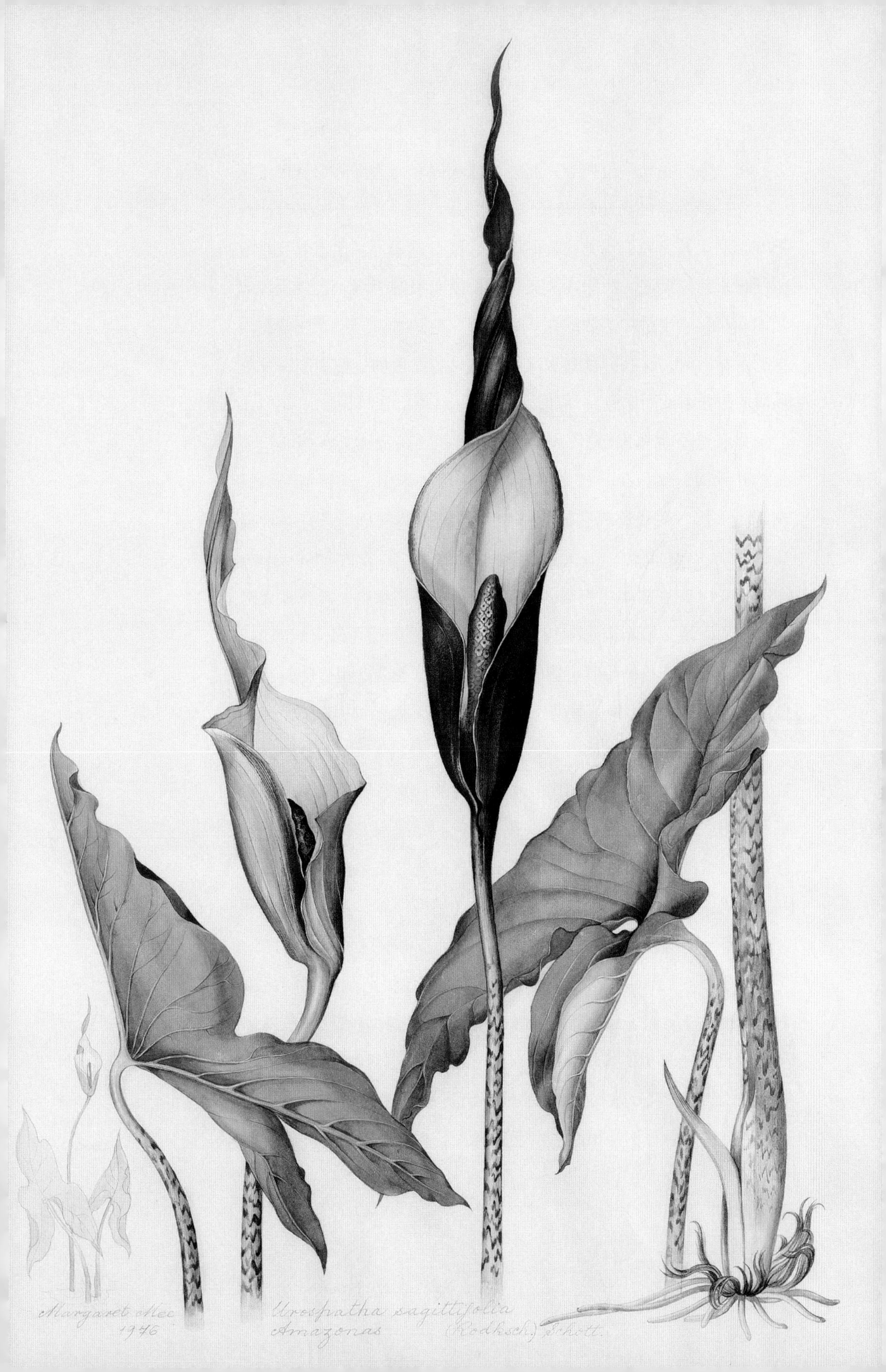
Margaret Mee
1976
Urospatha sagittifolia
Amazonas (Rodksch.) Schott.

另一天，我和一位向导一起，在以沃佩斯河为界的森林里走了一上午。我的向导名叫埃尔库拉诺（Herculano），他从孩提时代便熟知这些森林。为了找到我要的植物，他不遗余力。他带着我越过沼泽地，跨过溪流。我们在溪流边痛饮溪水以解干渴，大口大口地从用蝎尾蕉属植物叶子做的杯子里喝着深色的水。当阳光照耀在浅浅的水塘上时，这些深色的水流看上去是金红色的，在周围深绿色环境的衬托下如同珠宝。

我在这座森林发现了一株五脉爪唇兰（*Gongora quinquenervis*），大约一人高，生长在一株大树上。在这趟旅途中，这种植物我只发现了一株。在我发现它的丛林中几乎没有矮树丛，只有一种很高的天南星科植物，名为溪边芋（Aninga，学名为 *Montrichardia arborescens*）。但在树木中有很多附生植物：凤梨科植物、兰花和天南星科植物。地上散布着炮弹树的花朵，花瓣是奶油色和青铜色的；它们旁边是一株号角藤属植物的暗红色悬钟状花朵，很可能是从那些巨大的藤本植物上掉下来的，后者缠绕着那些庞大的树木。

我们满载着植物返回教会。地上拖着长长的影子；森林中一片祥和，只有鸟儿的歌声、寻找夜间栖息地的动物窸窸窣窣的声音和吼猴的叫声打破了沉静。

返回沃佩斯的旅程很复杂。萨尔瓦多用他的机动独木舟把我带到了那里，途中还曾在他位于圣费利佩[15]的家停靠。元旦这天几乎在不知不觉中过去，当时我们正在伊萨纳河[16]中航行。

这条河美丽得简直令人难以置信。在前往伊萨纳的夜间旅途中，我曾与神父们一起跨越它浩瀚的水面。而后我能看到溪涧森林（*igarapé* forest），那里的树木一年到头都立在水中。这里酷热而又潮湿，河面热气腾腾却又非常安静，几乎看不清实景与倒影之间的分界线。在这一地区的森林不是很高，但密度极大，被深深渗入丛林的暗色

△ 含羞草叶异蕊豆
（*Heterostemon mimosoides*）

河流切开。树根站立在水面上方，形成拱顶，独木舟可以从下面通过。植物生长繁茂，根系盘绕在树梢和树枝上，点缀着森林的冠盖。在从洪泛森林[17]向高地丛林的过渡过程中，附生植物悬挂在大树枝上，一簇簇地出现在树的枝杈上；树梢上，金刚鹦鹉灿烂的尖刺如同燃烧的羽饰一样闪光；天南星植物或者在丛林巨树顶上傲然显现，或者悬挂在紧靠河岸的棕榈科植物上；白色的书带木属花朵如同暗色苍穹上的繁星。

我们在那天上午抵达圣费利佩，三个男孩划着独木舟，带我去洪泛森林采集植物。

对萨尔瓦多家后面的森林的探索更加平静，但也更加有趣，因为那里生长着的古树紧靠着无边的森林，直插苍穹，包括三株庞大的书带木属植物，其中两株开放着极为绚丽的花朵，深紫青铜色的花瓣拱卫着柠檬绿色的花蕊。它们散布在树下的地上，而那些树非常高大，很难看到生长在树冠上的花朵。我意识到，几乎没有人能够爬上去为我采花。被绞杀的树木树干已经腐朽，附生植物的树根依然围绕在它的周围，形成了有着黑色空洞的网篮结构，危险的巴西矛头蝮蛇（*jararacussu*）就住在那里，它们的毒性极大，是巴西境内为数不多的具有攻击性的蛇类之一，它们的毒液经常致人死命。

玛丽亚在这棵庞大的书带木属植物下专注地倾听着，难怪在听到了蛇在矮树丛中发出的瑟瑟声音后，她立即吓得脸色苍白。我们飞也似的逃跑了，在倒下的树木和树枝间上下攀援、钻过，穿过矮木丛和低矮的灌木，一直跑到树木间光线比较强的地方才停下。就在我们喘着粗气的时候，我很幸运地在好几株植物中发现了一株凤梨科植物，它们生长在一棵大树的树杈上，身上爬满了凶猛的蚂蚁。它们没开花，但极有特色，与我在这个地区看到的其他植物完全不同。

从巴西北部丛林回来的两个月后，在我圣保罗家中的花园里，远离故土两千多英里的那株五脉爪唇兰开花了。当苍白的花蕾张开的时候，它们展示了紫色与杏黄色花序的柔和色彩，带有奇特的麝香气息。精致的长花茎垂了下来，盛开的纤小花朵似乎在舒展开翅膀翩翩起舞。我想象着那些遥远丛林的情景，它们会在那昏暗的叶子背景下开放。

几个月之后，我在森林中找到的那株瓢唇兰属植物也在圣保罗开了花。花瓣的外面是最淡的银绿色，而里面是勃艮第红葡萄酒的深红色。看上去这是一个新物种。

在回到圣保罗之后的几个月，我注意到，那株我和玛丽亚一起

▷ 髯毛瓢唇兰
（*Catasetum barbatum*）

Catasetum barbartum
Lindl.
Amazonas, Rio Unini
Margaret Mee
1976

在萨尔瓦多的屋后发现的凤梨科植物，其中心隐隐出现了绛红色，这是它即将开花的确定征兆。红色的区域每一天都在变大，颜色也越来越深。然后，在我们从采集处引来的池塘水中，在它莲座丛的中央，一个白色小花的群落出现了，白色中浮现着一抹粉红色。几个星期后，它的分株也开花了。它结出的果实带有靓丽的金属蓝色。这是一个新物种，后来被命名为玛格丽特彩叶凤梨。在雨水多的几个月中，那遥远的森林将被这些洋红色的珠宝点缀。

△ 药用书带木
（*Clusia palmicida*）

注释：

1 塔帕若斯河（Rio Tapajós），位于帕拉州，贯穿亚马孙雨林，是亚马孙河主要支流。它也是最大的清水河之一。

2 沃佩斯河（Rio Uaupés），内格罗河的一条支流。河流起源于哥伦比亚，向东穿过边境流入巴西境内。它是一条黑水河。

3 杜克森林保护区（Reserva Ducke），全称阿道弗·杜克森林保护区（Reserva Florestal Adolpho Ducke），建立于1963年，位于亚马孙河和内格罗河交汇处。

4 阿道弗·杜克（Adolpho Ducke，1876—1959），昆虫学家、植物学家和民族志专家。

5 慈幼会（Salesian Mission），全称鲍思高慈幼会（Salesians of Don Bosco），是天主教会组织之一。

6 梅尔塞斯（Mercés），位于亚马孙州，内格罗河北岸。

7 沃佩斯（Uaupés），即圣加布里埃尔达卡舒埃拉（São Gabriel da Cachóeira），亚马孙州的城镇，位于内格罗河北岸，在1952年至1966年间曾被官方称为沃佩斯。

8 库里库里亚里山（Serra do Curicuriari），位于亚马孙州，内格罗河南岸。

9 卡廷加森林（*caatinga*），原指巴西长有矮乔木及灌木的草原。文中指在非常贫瘠的沙质土壤中生长的森林，这种森林比较稀疏，透光比较多。

10 理查德·斯普鲁斯（Richard Spruce，1817—1893），英国植物学家，伦敦林奈学会的创始者。他曾用15年时间探索亚马孙地区，是去往该地的第一批欧洲人之一。

11 洪堡（Humboldt，1769—1858）全名弗里德里希·威廉·海因里希·亚历山大·冯·洪堡（Friedrich Wilhelm Heinrich Alexander von Humboldt），德国自然科学家、自然地理学家、著述家、政治家。近代气候学、植物地理学、地球物理学的创始人之一。

12 奥里诺科河（Orinoco），南美洲第三大河，仅次于亚马孙河及巴拉那河。

13 罗伯特·科克（Robert Koch，1843—1910），德国细菌学家、医学家，是结核菌和霍乱菌的发现者，1905 年诺贝尔生理学医学奖得主。

14 伊萨纳（Içana），位于亚马孙州，伊萨纳河沿岸。

15 圣费利佩（São Felipe），位于亚马孙州，伊萨纳河汇入内格罗河之处。

16 伊萨纳河（Rio Içana），内格罗河的支流，位于巴西西北部，河流由西北向东南流入内格罗河。

17 洪泛森林（*igapó*），葡萄牙语，原指巴西发大水之后树林中的积水地，水洼地。文中指常年被黑色浑浊的河流淹没的森林，称作洪泛森林。

▷ 玛格丽特彩叶凤梨
（*Neoregelia margaretae*）

Margaret Mee
May, 1979
Neoregelia margaritae
Col. Amazonas, Rio Içana
Cult. Sitio Burle Marx

Cattleya violacea
Rio Cuini, Amazonas

第4章
攀登内布利纳峰沿途的卡特兰属植物
Cattleyas on route to Pico da Neblina 1967年

在内格罗河[1]上游支流的探险中得到了极不寻常的植物：一株木兰叶屈指藤，是一种花朵呈喇叭状的藤本植物；一株泽蔺花，是一种极不寻常的沼泽植物；一些长在绞杀树上的可爱花朵，是书带木属植物；还有一种兰花，叫作五脉爪唇兰。事实上，我拥有的速写和绘画的素材，足以让我忙活好几个月了。在我圣保罗的家中，我在库里库里亚里山采集到的一株泽蔺花科植物茁壮成长了好多年。

在从沃佩斯河回程的路上，我在巴西空军的飞机上看到了远处的伊梅里山。这座山脉在巴西叫作内布利纳山[2]，意为“雨雾之山”（Mountain of the Mist），而最高峰也在巴西境内，名叫内布利纳峰（Pico da Neblina，意为“雾之巅峰”）。这种叫法也算名副其实，因为它的峰顶总是云雾缭绕。眼看着这座美丽而又神秘的山脉，我感到兴奋莫名，并暗自发誓，总有一天我会回来，探索山上的神奇之处。

美国国家地理学会批准了我前往这一地区采集植物并作画的项目申请，并给予了财政赞助，我的机会终于来了。我于七月中旬离开圣保罗，前往玛瑙斯，陪伴我的是年轻的巴西助手保罗·卡多内（Paulo Cardone）。他是一个理想的同伴，因为他喜欢研究植物，而且热爱、了解动物。

购买了必要的物资之后，我们穿过小街小巷离开了炎热、繁忙的城市玛瑙斯，沿着黑色的烂泥路登上了我们租来的汽船，它将送

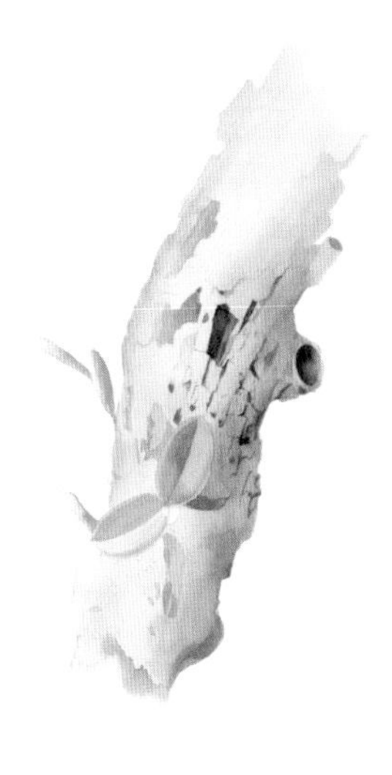

△ 生长在树干上的卡特兰（*Cattleya*）

◁ 堇色卡特兰（*Cattleya violacea*）

我们沿着内格罗河溯流而上，抵达内布利纳山。汽船停泊在一条伊加拉佩边上，从简陋的城镇房屋那儿可以俯瞰它的全貌。岸边的水生植物和芭蕉科植物的大片绿意让这里弥漫着热带的气息，而闷热的空气使之更为浓郁。

我们乘船航行，直到水手们精疲力尽为止，而后将船停泊在一棵巨树下，四周环境迷人。在黎明的光照下，我认出了一株开满白花的铁木豆属植物（*Swartzia*）。

洪水并没有完全退去，树木依然深深地浸泡在水中，这使得我能够靠近树冠上的花朵，包括覆盖了大多数老树顶端的那些巨大的喜林芋属植物（*Philodendron*），以及那些与书带木属植物缠绕在一起的、靠帘幕一样下垂的根吸收泥土养分的植物。鹦鹉和巨嘴鸟在伸展的枝叶中嬉戏和觅食。精致的紫色含羞草花（mimosa flower）紧贴着河岸开放，与黄色水生植物的花朵混杂在一起。

很快，我们看到了一处惊人的景象，那里的巨树与一簇簇附生植物和书带木属植物缠绕在一起。河边有一株木棉树（*Kapok* tree），

△ 盔蕊兰属植物
（*Galeandra sp.*）

▷ 德文郡盔蕊兰
（*Galeandra devoniana*）

Margaret Mee
June, 1984
Galeandra devoniana Schomb.
Lago Sapuacá, Oriximina,
Pará

△ 费尔南尖萼凤梨
（*Aechmea fernandae*）

是精致的沼地番木棉（*Bombax munguba*），在它的树枝中间有白色的大花朵和悬挂着的绯红色果荚。当果荚崩裂时，种子借助丝质的“降落伞”随风飘荡，并落在船的甲板上。

一群黄色的小猴子追随着汽船。它们在水边树上的枝叶间窥视着我们，同时兴奋地打着唿哨。没多久，它们身后又来了一群栗色的小猴子，它们在树枝间跳跃，高声大叫。

随着汽船的行进，河边的风景变得越来越迷人。和之前一样，这个地区被洪水淹了，许多被人遗弃了的孤立棚屋淹没在水中，我们的船就从它们旁边经过。在哈拉棕榈树（*Jará* palm）层层纤维环绕的树干上，几棵芳香的兰花正在盛开，它们是德文郡盔蕊兰

△ 扭萼凤梨属植物（*Streptocalyx*）

（*Galeandra devoniana*）。堇色卡特兰的樱红色花朵在树上闪光，旁边是马氏柏拉兰（*Brassavola martiana*）的纤美白花。高贵莲玉蕊的树枝上是粉红色与白色的大花朵，河边时时可以见到它们的身影。

令人愉快的一天过去了。太阳下山时，它最后的几缕光芒照耀在急忙回家的五颜六色的金刚鹦鹉、巨嘴鸟、苍鹭、吵闹的翠鸟以及成群的鹦鹉身上。从极高的树上垂下来的是黄腰酋长鹂（*japim*，巴西一种似鸽的黄尾黑鸟）群落的窝。当我们的船侵入了它们的领地时，这些鸟儿吵吵嚷嚷地高叫着抗议。亚马孙淡水豚在河里嬉戏，在河水表面上掀起了波澜。

在河里和森林里，飞禽走兽们追循着它们的祖先们一成不变的

△ 美唇兰
（*Acacallis cyanea*）

▷ 亚马孙贝唇兰
（*Cochleanthes amazonica*）

旧有的生活习惯，那是当人类在这个行星或者在亚马孙丛林中出现以前的生活习惯。这是一种辉煌的存在。时间好像没有留下任何痕迹。

我们轻而易举地穿过了美丽的雅卡敏[3]瀑布群，但随后到来的马纳若斯 - 阿苏[4]瀑布群则是对航船技术的严峻考验。暴怒的水流想要把我们留下做俘虏，但我们总是能在最后关头脱险。在那些与激流紧张搏斗的时刻，我注意到一群色彩鲜艳的绿色鹦鹉，它们吵吵嚷嚷地从我们头上飞过，后面是几十只纤巧的剪尾鸟。等到形势不那么紧张的时候，我们看到了更多生活在河流周围的动物。

船上突然一阵骚动，桑蒂诺（Santino）非常兴奋地喊叫着，说

Margaret Mee
September 1978
Cochleanthes amazon
(Rchb. f & Warsc.)

△ 艳红凤梨属植物（*Pitcairnia*）

他能看到岸上有一条水蟒。这个巨大的生物躺在一株倒下的树上，舒展着它修长的身体，体内鼓起一个大包，因为它正在消化刚刚吞吃进去的食物。这只水蟒肯定不止四米长。我采集了一株学名为美唇兰（*Acacallis cyanea*）的蓝色兰花，植株上盛开着精致的花朵。

我们的行程于七月十五日从玛瑙斯开始，九月二日我们抵达了马图拉卡运河[5]。自然形成的马图拉卡水道的黑色水流连接着考阿布里河[6]。这里一定是亚马孙流域最美丽的水道之一，沿岸生长着大量植物——带有鲜艳的红色苞叶和带有银色条纹的叶子的附生植物斑纹尖萼凤梨、绯红色的艳红凤梨属（*Pitcairnia*），还有许多其他森林植物在岸上大量聚集。它们在河流的每个转弯处排列成阵，让伊梅里山的森林斜坡形成了壮观的景色。

我曾在考阿布里河见过宏伟的杜帕德里山[7]，印第安人称之为“皮里皮拉山”（Piripira），傍晚的天空突显了它美妙的轮廓。而后，当我跨过一座桥梁走向印第安人的村庄时，我能更清楚地看到这座山了。我走过的是一座神奇的印第安桥梁，它完全是用藤条和精致的树干建造的，横跨激流。这是一座真正的悬索桥。

我们做了一番准备，然后出发踏上了前往内布利纳峰的旅途。在河流的每一个转弯处，我们都以为已经到了图卡努河[8]的河口。航行了半天之后，我们终于来到了这里，这时我们发现，它已经完全被倒下来的树和树枝堵塞了。在这种乱糟糟的堵塞物中开辟一条道路完全是不切实际的空想，因为这些障碍物看上去延绵了很长一段距离。于是，我们在一九六五年的边界委员会（Boundary Commission）营地旧址下船，有关这一事件的日期镌刻在一棵粗壮的古树上。

这座遥远森林的美色令人敬畏，而一旦想到终于踏足这座我曾充满着渴望之情遥遥眺望的山峰，我便完全无法抑制自己激动的心情。在图卡努河凉爽的水中沐浴让人心旷神怡，然后我上了吊床歇息。

第二天一大早我们便起身在周围走动，迫不及待地想开始爬山。森林里的土地完全被连绵的雨水浸透了，满是积水的低洼地让攀登非常困难。隔天，我们在一条小溪流边停了下来，向导们现在已经弄清楚了我的目标，于是开始采集兰花和凤梨科植物，甚至相互竞争，看谁能发现最有趣的植物。

黑色的泥沼里有一些奇异的螺旋，踩上去时会传出如同雷鸣的声响，我问普拉西多这是怎么回事。他告诉我，在这些圆丘下面生活着一个物种，叫作蚯蚓（*minhoca*），在我的想象中，它应该是一种巨型地生蠕虫。在圆丘和覆盖着地面的腐烂叶子中间，我踩踏着虽然凋谢却依然散发出芳香的大花书带木（*Clusia grandiflora*）的花朵。

在斜坡的最高点，我们看到了一大片绚烂的兰花和凤梨科植物，在它们中间，正是我一直在寻找的费尔南尖萼凤梨（*Aechmea fernandae*）。我最后一次见到它，是在很多年前的阿里普阿南。

我突然站住了，好像中了魔法一样动弹不得。在离我们走过的

◁ 这是一棵树，还是一大片藤本植物？

小径不远的地方长着一株奇怪而美丽的树，或者说，这是一棵树，还是一大堆藤条？那一堆好似粗壮的绳子一样的植物茎仿佛在蠕动，扭曲着伸向天空，最后消失在森林的林冠中。在这棵神奇的巨大植物上连一片叶子也看不到。

我身上背着的植物在此刻成为了难以承受的沉重负担，再加上被腐烂叶子覆盖的地面特别泥泞，于是我掉队了。而我还在继续采集植物，这让我离队伍越来越远。有一次，我沿着河床行走而迷失了方向，因为干涸的河床怎么看都像是一条路。慢慢地，我觉得自己抓不住那些装着植物的塑料袋了，我感到自己正在用尽全身最后的一丝力气。这时，眼前令人欣喜若狂的景象让我活了过来：纳波莱昂（Napoleão）站在一棵巨树下面。“玛格丽特女士，我在等您。”他以迷人的风度说，并伸手接过我的植物袋，轻轻一下放到自己的肩膀上。

回程中，我们乘船沿着考阿布里河穿过无边的森林和皮里皮拉山宏伟的山峰，我的植物在微风中轻轻飘荡。然后，在马图拉卡，我们和旅途中结交的朋友们在那里短暂停留。即将离开这些美好的人们让我感到无限伤感，他们是另一个世界的居民。那是一个光辉的自然世界——但这还能持续多久呢？

注释：

1 内格罗河（Rio Negro），位于巴西西北部亚马孙州，与哥伦比亚接壤，是亚马孙河北岸最大的一条支流。

2 内布利纳山（Serra da Neblina），位于巴西西北部与哥伦比亚交界处。葡萄牙语“neblina”意为雾、云雾。

3 雅卡敏（Jacamin），位于巴西西北部，靠近考阿布里河的瀑布。

4 马纳若斯-阿苏（Manajos-açu），位于巴西西北部，靠近考阿布里河的瀑布。

5 马图拉卡运河（Maturacá），位于亚马孙州，在巴西西北部，靠近与委内瑞拉交界处。

6 考阿布里河（Rio Cauaburi），内格罗河支流，位于亚马孙州，在巴西西北部，靠近与委内瑞拉交界处，位于雅卡敏瀑布和马纳若斯瀑布之间。

7 杜帕德里山（Serra do Padre），位于巴西西北部，靠近与委内瑞拉交界处，靠近马图拉卡运河。

8 图卡努河（Rio Tucano），考阿布里河的一条支流。

▷ 大叶书带木
（*Clusia grandifolia*）

Margaret Mee 1982
Clusia grandifolia Endl.
Rio Negro, Amazonas

Encyclia randii (Barb. Rodr.)
L. Porto & Br
Amazonas
Margaret Mee
1983

第 5 章

马劳亚河畔的异蕊豆属植物

Heterostemons by the Rio Marauiá　1967 年

我踏上了返回玛瑙斯的旅途，但在抵达沃佩斯之前，我甚至已经开始计划下一次旅行了。我与保罗说过了，他也和我一样，非常热切地渴望泛舟马劳亚河[1]。这条河发源于伊梅里山，在塔普鲁夸拉[2]以西大约二十千米处流入上内格罗河。早在一九五六年在贝伦时，我便从弗罗埃斯博士口中听到了许多有关这条遥远河流的神奇故事。许多年前，这位杰出的旅行家便曾飞越伊梅里山，并告诉我，对于自然科学家而言，这是多么有趣的一个地方。

于是，当我们来到塔普鲁夸拉的慈幼会时，我便做了临时安排，让保罗和我一起前往马劳亚河畔的教会。那里居住着一位隐居神父，名叫安东尼奥·戈埃斯（Antonio Goes），他的传奇经历广为人知。

△ 楚丽察，我的小鹦鹉

◁ 兰特围柱兰（*Encyclia randii*）

我用了一天时间整理我在纳布利亚山采集的植物，其中大部分植物样本似乎都存活下来了，但如果能下一场大雨，对它们来说将会是神赐之福。保罗前来帮助我，并且做得很好。而我在几周前得到的一只名叫楚丽察（Curica）的小鹦鹉则落在一棵树上看着我们工作，它看起来对自己的生活颇为满意。一到塔普鲁夸拉我就打开了它鸟笼上的门，因为把一只刚会飞的幼鸟囚禁在如此狭小的天地里，我实在无法忍受这种想法。离开牢笼，它似乎感到很满意。在我工作的时候，它便落在我身边。

一株很有意思的瓢唇兰属植物开花了，我在露台上将它画了下来。这时，一条小汽船的船主阿德马尔·丰特斯（Ademar Fontes）出现了。他过去是“抗疟疾服务部”（Malaria Service）的工作人员，时常为“卡布克罗人[3]”的棚屋喷洒滴滴涕防蚊，于是得到了“德德哥”（Dedé）这么个雅号。后来他痛快地辞了职，现在驾驶着他的小艇“圣阿尔贝托号”（Santo Alberto）在几条河上运送货物。

他刚好要为戈埃斯神父送货，于是我问他，能不能让我和保罗在他的船上挤到一席之地。他告诉我，船上的剩余空间不大，因为除了他本人和一位印第安男孩，船上还要搭载一只绵羊和一头骡子。幸运的是——至少对于我们来说是如此——到了开船之刻，那头骡子天生的倔脾气上来了，坚决不肯上船。我们终于意识到，没有谁

▷ 含羞草叶异蕊豆（*Heterostemon mimosoides*）

▽ “德德哥”的小汽船，上面还载着绵羊

△ 椭圆叶异蕊豆
（*Heterostemon ellipticus*）

得伦敦泰伦画廊
（*The Tryon Gallery, London*）
慨允在此登载
特此致谢！

能够逼迫这头骡子就范，于是丢下它开着汽船离开了。

我们的第一站是“德德哥”在森林里的房子。在那里我们享用了一顿丰盛的午餐，楚丽察有新鲜的番石榴吃，还得到了用于旅行的更结实的笼子，然后我们又踏上了旅途。

每到一处瀑布，我们都得下船，搬下货物，并将船抬到石头之上，然后拖着船蹚过汹涌的河水。我们累得一丝力气都不剩，最后只好在平静的河水旁的一堆石头边歇息，准备午餐。每到一处瀑布，我都会把楚丽察带到森林里，它就在树上吃树叶和浆果。它对长时间的滞留感到很高兴。它在森林里玩耍，如同一只猫在它熟悉的环境中一样。后来，我们停泊在一个风景秀丽的地方采集植物，我在那里发现了长叶扭萼凤梨、双角兰[4]和锥花尖萼凤梨（*Aechmea mertensii*）。

我坐在森林里，画下了一株美唇兰。我也在那里发现了一株美丽的椭圆叶异蕊豆，但它太纤弱了，我只能眼睁睁地看着它枯萎；还有一朵发芽的禾叶艳红凤梨（*Pitcairnia uaupensis*）。

我还发现了一片金杯藤属植物（*Solandra*）灌木丛，它的果实有些像西红柿。那里也有结满了果实的柠檬树，这一物种是神父们在巴西殖民初期引进的。楚丽察和我贪婪地吃着柠檬和金杯藤植物的果实，因为过去几周，我们的食物中都缺少水果。我在倒下的树上采集了一株小小的瓢唇兰属植物，还有许多其他兰花。人们曾在这个地区清理森林建筑棚屋，这些树木就是在那时被砍倒的。

第二天，我们抵达了目的地，把船紧靠着陡岸停泊，而后受到了安东尼奥·戈埃斯神父的欢迎。我们将在两天后回去，因为戈埃斯神父要去塔普鲁夸拉。我们在早上八点离开教堂，当船行驶至急流处时，大家不顾一切地紧紧抓住了悬挂在水中的树枝，这才不至于让船被扫到瀑布下面。而在这样一个危急时刻，我居然一眼瞥到了一株吊桶兰属植物（*Coryanthes*），它开着淡粉红色的花朵，长长的花序下垂着，有些褪色了。这株植物“德德哥”触手可及，我请他为我采下来，因为这是非常难得的稀有品种。他用力拉着那株美丽的植物，然后发出一声怪叫，因为成群的蚂蚁爬上了他的胳膊，疯狂地叮咬着他。他把那株植物和蚂蚁窝甩进了河水，两只胳膊也渗进水里。我担心狂暴的河水会带走我的珍贵植物，于是全然不顾蚂蚁的叮咬，抓住了上面依然爬满蚂蚁的枝干，迅速地把它放进一只塑料袋里。人们经常在这种阿兹特克蚂蚁（Aztec ant）的窝上发现艾伯特吊桶兰（*Coryanthes albertinae*），它们之间可能是共生关系。

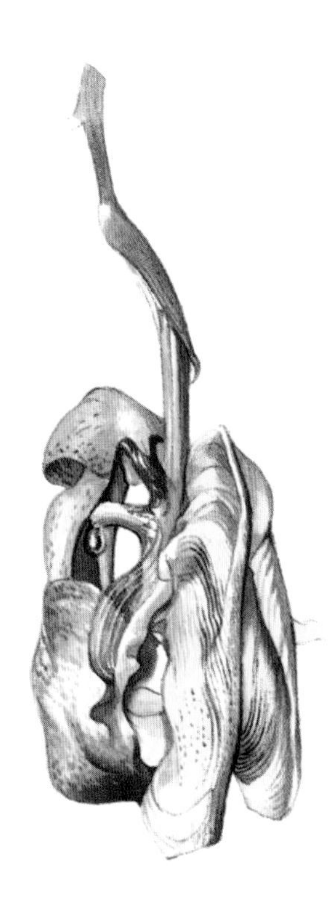

△ 艾伯特吊桶兰（*Coryanthes albertinae*），人们经常在蚂蚁窝上发现它

▷ 流苏瓢唇兰（*Catasetum fimbriatum*）

▽ 一只细长的鬣鳞蜥在晒太阳

隔天，托尼卡（Tonika）和伊雷妮（Ireneu）爬树为我采集植物，因为在更高的树枝上有一些兰花正在开放。我希望能进一步深入森林寻找植物，但就在我准备下船时，楚丽察掉进了河里。它全身都湿透了，看上去很害怕，我无法硬着心肠把它自己留下。在救起楚丽察的时候，我的手表从手腕中滑落，掉进了水里。

夜幕降临之前，我们在几间棚屋旁停船，那里还有一栋属于一位名叫森霍尔·梅塞多（Senhor Mercedo）的葡萄牙老人的房子，他对这一带非常熟悉。神父已经告诉了我他的名字，说他是一位兰花采集大师。我们在他的花园里和他的妻子及其家人闲聊，在盛开的大花可可[5]下，度过了一个闷热的晚上。

次日，我们继续踏上前往玛瑙斯的旅途。在被洪水淹没的森林中漂浮着的大团植物枝叶上，一只淡灰蓝色的鬣鳞蜥（iguana）正在晒太阳，看上去让人印象深刻；但当我们的独木舟经过它时，它却跳进了水中，激起了很大的浪花。

我们在一个美好而宁静的河滩上度过了一个夜晚，实际上它位

Margaret Mee
Catasetum fimbriatum
Morren Lindl.

△ 大叶铁木豆
（*Swartzia grandifolia*）

于两段很宽的河之间，是一座长长的沙岛的边缘。沼泽地带上生长着低矮的灌木丛，主要是含羞草，而在更深的沼泽地里则生长着幼小的棕榈科植物。我在那里发现了木豆蔻属植物的花瓣，是灿烂的龙胆蓝色的，却找不到它们从上面落下来的植株，因为森林的林冠和爬藤植物形成了庞大茂密的植物网，每株植物和盘藤都在竞相生长，争夺阳光。

保罗和伊雷妮钓鱼去了；而我在一间橡胶采集者的棚屋的废墟

△ 莲玉蕊属植物（*Gustavia*）

外，在一棵巨大的铁木豆树下给那株壮观的开黄花的夹竹桃科植物（Apocynaceae）的花朵作画。

那天晚上，我们大约在八点钟停了下来。天很黑，而且没有河滩，我们只好找了一个看上去像大草甸一样的地方，把船停在那里的一条小河道里。大大的上弦月在平静的夜空中升起，停泊之处寂静无声，除了青蛙的合唱和猫头鹰与夜鸟的哀鸣。就在那里，我第一次听到了灰胸林秧鸡（*saracura*）这种夜鸟最令人难忘的啼声。

接下来的一天我迎来“开门大吉”，采集到了不少沼地番木棉的植株和种子。植株上绯红色的果荚里充满了木棉纤维，里面安安稳稳地生着种子，是鹦鹉四处寻找的佳肴。一株大型凤梨科植物附着在汽船上，但它上面有大群蚂蚁，所以我没有把它拿到船上来。

尽管河流还是十分湍急，但我还是采到了一株美丽的莲玉蕊属植物，它白色的花朵中央是橘黄色的。我十分艰难地把这朵纤巧的

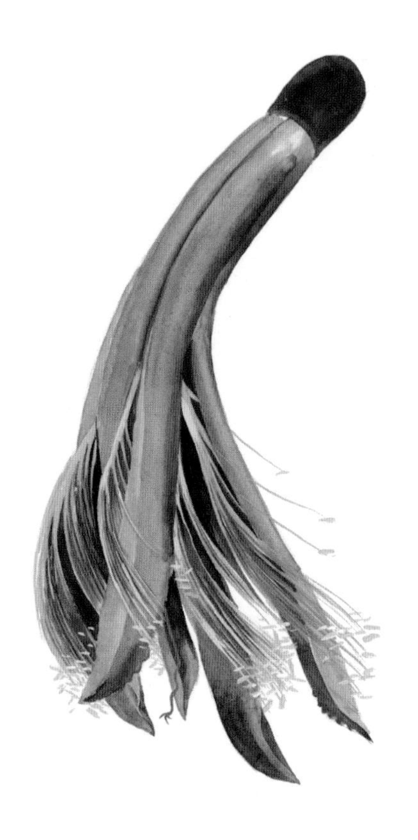

△ 番木棉属植物
（*Pseudobombax* sp.）

花朵画了下来，因为船在上下颠簸，风也很大。

我们的下一个夜间宿营地是一座峭壁边的白色河滩，沙滩上生长着矮小的树木。皎洁的皓月冉冉升起，照亮了这片奇特的风景。夜鸟的叫声打破了沉寂，大鱼追逐着小鱼，鱼儿从明镜般的水面上跃起。亚马孙淡水豚在嬉戏，在叹息。我们在拂晓之前离开了这个迷人的地方。虽然河上依旧波涛险恶，但我们在白天的晚些时候到达了玛瑙斯的一个令人厌恶的河边小港口。

我在玛瑙斯有一些熟人，他们知道我在采集植物。一天他们驾车带我去到内格拉角[6]，那曾是亚马孙森林非常美丽的一部分。但我伤心地发现，自从上次来访以来，那里有许多地方遭到了肆意的毁坏与焚烧。曾经让达尔文[7]、斯普鲁斯、贝茨[8]、华莱士[9]等博物

△ 番木棉属植物（*Pseudobombax* sp.）

学家，以及许多其他人心醉神迷的地方，如今已经被烧成了一片白地。

在回家的途中，当我乘坐飞机飞越无边的亚马孙丛林的时候，飞机上的广播宣布，我们将于午夜抵达圣保罗。我看了看手表，突然意识到自己已经离开了，把一个没有时间的世界抛在了身后。我的手表掉进了河里，一直到现在都躺在内格罗河的河床上，在开着紫色花朵的牡荆树（*Vitex* tree）脚边。从那一刻起一直到刚才，我都不需要手表。

注释：

1　马劳亚河（Rio Marauiá），位于亚马孙州，内格罗河以北。

2　塔普鲁夸拉（Tapurucuará），位于亚马孙州，内格罗河与马劳亚河交界处。

3　卡布克罗人（*caboclo*），指巴西紫铜色皮肤的原住民，具有葡萄牙和印第安血统的混血儿。卡布克罗人目前大多居住在雅恼阿卡湖（Lake Janauacá）附近。

4　双角兰（*Diacrium bicornatum*），原为扁唇兰属（*Diacrium*），2007 年 1 月，英国皇家园艺协会决议通过取消扁唇兰属，将其并入处女兰属（*Caularthron*）中。

5　大花可可（*cupuaçú*），也叫古布阿苏，是一种近似可可树的果树，学名为 *Theobroma grandifloram*。

6　内格拉角（Ponta Negra），位于亚马孙州玛瑙斯西区。

7　指查尔斯·罗伯特·达尔文（Charles Robert Darwin，1809—1882），英国博物学家、生物学家，进化论的伟大创始人。

8　指亨利·瓦尔特·贝茨（Henry Walter Bates，1825—1892），英国博物学家，探险家，参与了具有重要科学意义的南美洲亚马孙流域考察。

9　指艾尔弗雷德·拉塞尔·华莱士（Alfred Russel Wallace，1823—1913），英国博物学家、探险家、地理学家、人类学家和生物学家。

▷ 米氏尖萼凤梨
（*Aechmea meeana*）

Aechmea meeana Pereira & Reitz
Amazonas, Rio Marau
March 1978
Margaret Mee

tavia pulchra
zonas
Margaret

第 6 章
装点了德米尼河的文心兰属植物
Oncidiums grace the Rio Demini 1970 年

我又过了大约两年才重返亚马孙。从马劳亚河回去之后我发现自己罹患了肝炎；正如我后来知道的那样，我的病因是那年夏天在上内格罗河流域爆发的一次传染病。养病期间，我为上一次在遥远的内布利纳山和马劳亚河的旅途中发现的植物作了画。其中最有趣的植物之一是那株艾伯特吊桶兰，就是我在蚂蚁窝上发现的那株兰花。离开玛瑙斯之后，我的植物都被转运了回来，似乎陪伴这株吊桶兰属植物的那些蚂蚁都死了。因为这株植物和那些蚂蚁似乎有某种共生关系，我担心蚂蚁的死亡会在我完成画作之前对它有所影响。最终我还是成功地完成了这幅画，它后来成为了吉多·帕布斯特[1]所著《巴西的兰花》（*Orchidaceae Brasilensis*）一书的封面。

△ 洋葱叶文心兰（*Oncidium ceboletta*）

◁ 美丽莲玉蕊（*Gustavia pulchra*）

我的第一站是玛瑙斯，第二天我便在内格拉角和莱昂支流[2]漫步，希望在那里找到可供入画的植物，但当时没有多少花朵在开放，而且，因为洪水曾在周围好多英里内的森林中泛滥，我想要的许多植物现在都被淹没在水下。

内格罗河也未能幸免于难，因为河岸上兴建了一座炼油厂，排出的含油污水摧毁了植物。幸运的是，雅努阿里亚湖[3]仍然生机盎然；尽管高涨的河水把亚马孙王莲（*Victoria amazonica*，也写作 *Victoria regia*）从主湖冲走了，但那里还是有令人惊叹的鸟类，水生植物也欣欣向荣。我在一棵棉檀属植物（*Macrolobium*）的树上发现了一株洋葱叶文心兰（*Oncidium ceboletta*），它开着一簇大黄花。一只树懒悬挂在一棵死了的号角树（*Embaúba*）的树上，看上去像一片棕色的大叶子，而在另一棵树上悬挂了好多黄鹂的窝，这些黑黄相间的鸟儿嘁嘁喳喳地叫个不停。

第二天上午，一位好心的德国生态学家开车带我前往杜克森林保护区。一路上看着令人咋舌的“开发”景象，我感到越来越压抑，而当身临保护区时，目睹周围的一切所遭受的破坏，我情不自禁地泪盈满眶。我很庆幸自己不会活到亲眼目睹它最后被毁灭的那一天，但我也为自己不够年轻、无法改变这种状况而感到遗憾。就在我们眼前，昔日辉煌的亚马孙森林被铲平了，变成了凄凉的废地。

当我正策划着沿德米尼河[4]的行程的时候，一个沿着索利蒙伊斯河[5]旅行的机会突然降临。船上的第一夜我们坐在甲板上，眼望着月光下的奇特风景从我前划过——一群小岛组成了迷宫；因为河

◁ 冠叫鸭（Tacha）

▷ 橘黄鲁道兰（*Rudolfiella aurantiaca*）

Margaret Mee
Rudolfiella aurantiaca (Lindl.) Hoehne
Rio Negro, Amazonas.
November 1971

△ 左：斯氏艳红凤梨（*Pitcairnia sprucei*）

右：线叶艳红凤梨（*Pitcairnia caricifolia*）

▷ 蝎尾蕉丽穗凤梨（*Vriesea heliconioides*）

流水位很高，水面上只见得到树木的林冠。借着月光和在周围摇摆的灯笼，我扫视着青草与原木组成的浮岛，能看见开着花结着果实的沼地番木棉树。它们开着白色的鲜花，生着绯红色的果荚。在许多河段上，伞树属在水边排列成行。如果有保护森林树木的先驱者归来，真希望他们会来这里，因为庞大的树干正一批批地在河上漂流。

在靠近普鲁斯河[6]河口的地方，索利蒙伊斯河的水面奇宽无比，两岸的植物更加多变而又壮观。豆科植物的藤蔓覆盖着树木，如同庞大的斗篷一样悬挂在玉蕊科植物（*Lecythid*）的白花和决明属藤本（*Cassia*）的金色圆锥花序之间。天南星科植物和凤梨科植物群集在

Margaret Mee
Vriesia heliconioides (H.B.K.) Hook. ex Walp.
Amazonas, Rio Deméni
January, 1973

高耸的木棉树（*Sumaúma*）上。但河岸上大部分原生森林都被清除了，当我们驾船行驶在耕地边缘时，这个特点变得越发明显了。在这些地段上，只有杧果、可可和柑橘果树还在生长，偶尔也会有棕榈科植物出现。森林变得非常模糊、非常遥远。

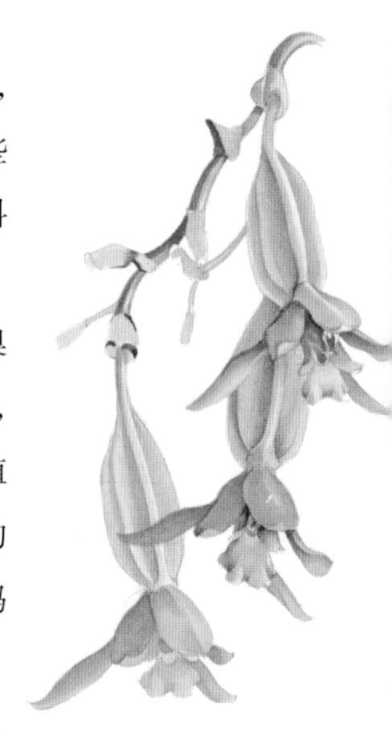

我在阿尔瓦朗伊斯[7]遇到了一位年迈的荷兰神父安东尼奥（Antonio），他带着我进入森林采集植物。几个年轻男孩陪着我们，一旦需要他们就可以爬树。我很幸运，发现了一株美丽的凤梨科植物，学名为斯氏艳红凤梨（*Pitcairnia sprucei*），它生长在一株倒下的跨越河沟的青苔斑驳的树上。这株植物花苞丛生，我希望在回到玛瑙斯时它能活着开花。

一回到玛瑙斯，我立即开始敲定前往德米尼河计划的最后细节。隔天，飞机一早就起飞了，两小时后便降落在巴塞卢斯[8]。抗疟疾服务部医疗队的一些成员刚好要乘坐他们的汽船离开，前往皮洛托岔流[9]。我搭他们的船沿河而上，经过了几间棚屋之后，进入了一条两边都是哈拉棕榈树的狭窄河道。这时正是涨水期，棕榈科植物的幼树的一半甚至整个都淹没在水里。在它们多纤维的树干上缠绕着德文郡盔蕊兰；这是一种带有钟状的紫色、棕色和乳白色花朵的兰花。它们的香气弥漫在空气中。我们在深色的水中划着非常颠簸的小船，在被水淹没了一半的树丛中行驶。四周的阴森、沉静让人毛骨悚然。树木经常靠得非常近，我们无法用桨，只能连推带拉地让船在树干之间前进。

我们继续前行，后来遇到了一片情况非常不同的沼泽地带：在纠结缠绕的植物中间矗立着干枯的树，有一些相当高大，上面带着附生植物；而另一些腐烂得太厉害了，根本无法攀援。尽管情况如此恶劣，我还是采集到了一些很好的植物，包括瓢唇兰属植物、柏拉兰属植物和堇色卡特兰。

△ 巴氏兰属植物（*Batemannia*）

▷ 文心兰属植物（*Oncidium sp.*）

Margaret Mee
July 1985
Oncidium sp.
Amazonas

△ 堇色卡特兰
（*Cattleya violacea*）

回到玛瑙斯后，我发现一位船主若昂·苏亚雷斯（João Soares）即将驾船回家，而他的家恰好就在德米尼河上，于是我搭上了他的船。这是一段大约两天的行程。在离开德米尼河河口大约五小时后，到了捷劳瓦卡[10]，若昂的房子便遥遥在望。

我在捷劳瓦卡逗留期间，若昂家的两个男孩划着他们的独木舟，送我到离家不远的一处雨林采集植物。这是一个非常美妙的充满水的世界，在加瓦里棕榈树（*Jauarí* palm）的掩映下光线昏暗。在棕榈树粗大结实的树干上生有一圈圈黑色的长刺，对植物采集者来说，这是个不小的威胁。棉檀属植物优雅地悬挂在黑水上方，身上长着许多兰花。我从一根树枝上采集了一株含苞欲放的囊花瓢唇兰，还在不远处采集了一株红白相间的迷人的小书带木属植物。正当忙于为瓢唇兰属植物作画的时候，我听到河上的发动机声越来越近。这是印第安检查站（Posto Indigena）的汽船，来自玛瑙斯。听到这只船的声音我感到欣慰，虽然我在捷劳瓦卡逗留时收获不小，但我还是渴望进一步深入森林考察。随后，我一早来到了阿茹里卡巴[11]。

迭戈（Diego）是个大约十岁的小男孩，他和小伙伴博纳迪诺（Bernadino）一起划着船，带着我沿着德米尼河的支流溯流而上，在被洪水淹没的美丽森林中采集植物。我在那里发现了一株兰花，我认为是巴氏兰属植物。回来后我便为发现的这株植物作了画。

我用来装植物的篮子送到了，通风性和透气性良好，可以让雨和露水流入，这是我请印第安人制作篮子时提出的要求。一对美丽的巴西拟鹂（*grauna*）好奇地看着我，喊喊喳喳地相互交谈，每天早上都透过小小的窗户看着我。它们好像住在一棵看上去是番石榴的树上，但当时树上没有结果。

丛林被洪水淹没了，一片寂静。丛林中的黑水里生长着阔叶林，还有星星点点的马拉哈棕榈树（*Marajá* palm）。大小不超过天蛾的小蝙蝠被水花轻轻拍打着，轻快地飞越在林中，但大批鸟类非常羞涩，它们躲进黑暗的树叶中间，或者快速飞过，寻找藏身之地。

在博纳迪诺的协助下，我采集了一些美丽的植物：一株带有白色大唇瓣的夜曲树兰（*Epidendrum nocturnum*）、一株深红色的书带木属植物，还有一株同时带有花朵和果荚的巴氏兰属植物。

返回巴塞卢斯的行程被推迟了，直到最后保罗最后宣布他准备走了，我们才乘船出发。从巴塞卢斯前往阿拉萨河[12]，途经德米尼河，那是两条“禁”河。我尽情观赏着河岸的美景，因为所有的鲜花几乎同时绽放。高贵莲玉蕊开着一片白色的花；一株开着粉色花朵的紫葳沿着灌木丛伸展，一直浸入水中，在溪流中丢失了它的小喇叭花朵；洋葱叶文心兰的黄色圆锥花丛低低地悬挂在一株带有绯红色苞叶的凤梨科植物下面……这简直是一曲色彩与形态的宏大交响乐。

我们行驶在这一片灿烂的美景当中，玻璃一样的河水旁边装点着优雅的棕榈树，深色的布里蒂棕榈树和哈拉棕榈树生长在白色的沙岸与河滨上，覆盖着粉红色花朵的金油果树（*Bacuri* tree）排列在河岸边。这种树结着一种小果实，味道有些像中国的荔枝。

我们来到了印第乌斯瀑布[13]，当年的瓦伊卡部落[14]如今只剩下两个人，酋长阿拉肯（Araken）和他的妻子乔安娜（Joanna）。我问阿拉肯能不能带我到森林里去，他答应了，于是我们登上了他的独木舟。丛林在一堵岩石墙后面，一连串的瀑布在其上空怒吼。阿拉肯熟练地把独木舟划到平静的水中。而后我们在一段石头河岸上靠岸，这段河岸是一整块大岩石的一部分，阿拉肯带着我们穿过的森林就坐落在这块岩石上。我们发现自己身处一块极为可爱的林间空地，里面有绿色的蕨类植物和苔藓，小小的溪流在石头缝隙之间潺潺流过。我在一根长满苔藓的树枝上发现了一株瓦氏妖精兰（*Clowesia warczewitzii*），这是植物学家八十年来都未曾见过的兰花种类。

▽ 犰狳
（葡萄牙语称之为"Tatu"）

瀑布附近已经没有什么值得留恋的了，我继续向河下游进发。在途中，我幸运地发现了一株盛开的蓝色兰花，学名美唇兰。在离开新埃斯佩兰萨[15]之后不久，我看到一条大蛇在河里游泳。一看到汽船，这条蛇就朝它游了过来，打算来一场遭遇战。当它近前时，我认出这是一条处于好斗情绪下的巴西矛头蝮蛇，但它一定觉得自己无法打碎汽船的船头，所以改变了方向，向一段白色的河滩游去。它在那里的沙地上扭曲着身体蜿蜒爬行，消失在灌木丛中。巴西矛头蝮蛇（也叫南美巨蝮蛇，拉丁文写作 *Lachesis muta*）通常具有攻击性。它身躯庞大（可以长达四米半），并且具有大量毒液，这让它成为了一切与之对抗的生物的危险对手。

遥远的德米尼山（Serra de Demini）出现在东方。一些绞杀类树木开花了，它们的花朵颜色不一，粉色和白色的是莲玉蕊属植物，淡紫色的是紫心苏木（*pau roxo*），而从玫瑰色到白色的是书带木属植物。现在，我们开始意识到春天即将来临了。

注释：

1 吉多·帕布斯特（Guido Pabst，1914—1980），巴西植物学家。

2 莱昂支流（Igarapé Leão），位于内格罗河下游地区，是塔鲁马阿苏河（Igarapé Tarumã Açu）的支流。

3 雅努阿里亚湖（Lake of Januaria），实际是一片洪泛森林，靠近内格拉角。

4 德米尼河（Rio Demini），位于亚马孙州东北部，是内格罗河的一条支流。

5 索利蒙伊斯河（Rio Solimões），通常指亚马孙河干流上游河段，西起巴西-秘鲁边境，东至玛瑙斯附近。

6 普鲁斯河（Rio Purus），亚马孙河重要支流。

7 阿尔瓦朗伊斯（Alvaraes），亚马孙州的小城镇，位于亚马孙河上游沿岸。

8 巴塞卢斯（Barcelos），亚马孙州的城镇，位于内格罗河沿岸。

9 皮洛托岔流（Paraná do Piloto），内格罗河的一条岔流，周围被森林覆盖。

10 捷劳瓦卡（Jalauaca），位于德米尼河上的小村庄。

11 阿茹里卡巴（Ajuricaba），位于德米尼河上的小村庄。

12 阿拉萨河（Rio Araça），位于亚马孙州，自西流入德米尼河。

13 印第乌斯瀑布（Cachóeira dos Indios），位于亚马孙州，靠近阿拉萨河。

14 瓦伊卡部落（Waika tribe，或称 Uaicá、aicá），巴西原住民亚诺马米人的一个下设分组。现分布于巴西（亚马孙州、帕拉州和罗赖马州）、委内瑞拉和圭亚那。

15 新埃斯佩兰萨（Nova Esperança），一个很小的聚居点。

▷ 瓦氏妖精兰（*Clowesia warczewitzii*）

Clowesia warczewitzii LDL.
Rio Aracá, Rio Negro, Am.
April, 1971

Margaret Mee

Margaret Mee
September, 1975
Mormodes amazonicum
Urucará, Amazonas

第 7 章

沿着毛埃斯河生长的彩叶凤梨属植物

Neoregelia along the Rio Maués　1971 年

我的植物让我忙碌了好几个月。然后，我得到了一个巨大的惊喜，这实属意料之外。在巴西亚马孙国家研究院的高级植物学家威廉·罗德里格斯博士（Dr. William Rodrigues）的推荐下，我获得了古根海姆奖。我提出的项目申请被批准了，而且作为获奖者，我得到了慷慨的财政资助，这使得我能够得到几次造访亚马孙流域新区域的机会。我选择了亚马孙河下游地区位于玛瑙斯以东的毛埃斯河[1]。

◁ 弯号旋柱兰（*Mormodes buccinator*）

▷ 卡拉拉鸟（Carará）又称"anhinga"，即蛇鸟（snake bird）

与大多数客轮通常遭遇的情况一样，来自玛瑙斯的船只由于乘客过多，负荷过重，在历史上造成了多次灾难。

甲板长餐桌上的晚餐端上来后不久，夜幕便笼罩了河边的景色。在经过伊瓦岔流[2]后不久，我们进入了浅水区，在船上强烈灯光的照耀下，闪着磷光的鱼成群结队地在河里遨游、跳跃。

拂晓前我早早地醒来，发现我们正沿着拉莫斯岔流[3]逆流而上。从理查德·斯普鲁斯的时代起，这条河就以有着如云的蚊子著称。这里的风景是典型的：突然出现的木棉树高高耸立在一片阔叶伞树属树之上。沼地番木棉树（*Munguba*）上挂满了绯红色的大果荚，荚里满是木棉纤维，棉檀属植物羽毛一样的叶子低垂在河岸上空。

▷ 离瓣彩叶凤梨（*Neoregelia eleutheropetala*）又称粉心菠萝

▽ 九月的水位还很高

Neoregelia eleutheropetala (Ule) L.B. Smith
Amazonas, Rio Urupadi
Nov. 1971
Margaret Mee

牛油果和柠檬等大多数外来品种都是在河边生活的人们栽种的，它们死去了，枯萎了，因为洪水泛滥，而且水位直到九月都还依然很高。几株病恹恹的巴西橡胶树（*Hevea brasilensis*）排列在泥浆浸泡的河岸上，几头皮包骨头的牛在棚屋旁的一小片草地上吃草，或者靠在木筏上站着，低着头。许多棚屋似乎已经被人遗弃。远处的森林是模模糊糊的一片。

我到达毛埃斯[4]的时机不大对，因为这座小镇就像汽船一样人满为患，想要在旅馆里找一个房间完全是奢望。

所幸，圣心女子修道院（Convent of the Sacred Heart）有一所附属学校，由于学生们现在正在放假，她们便非常体贴地让我在一间教室中落脚。我可以在那里支起吊床，在踏上毛埃斯河的旅途之前安心休息几夜。

我雇了一条船，包括船上的水手。当我们沿毛埃斯河溯流而上时，两边河岸上排布的森林变得越来越远了，因为河面越来越宽，宽度甚至达到三千米，或许更宽。数以百计的美洲蛇鸟（*mergulha*，即巴西一种大型潜水鸟）在这样宽阔的河面上捕食鱼类，而在船只接近时，它们有的完全消失在水中，有的只把嘴巴留在水面上，看着我们的行船路线。在这些神奇的生物附近，深深藏在水下的没有叶子的树木也还活着。

那天下午我们来到阿尔比诺支流[5]，那里有人在捕鱼，他们捉到了一条土库纳雷鱼（*tucunaré*），鱼的黑色身子上有金色的斑点和略带黑色的条纹，看上去实在太漂亮，让人舍不得吃。我还在这条伊加拉佩上发现了一种引人注目的凤梨物种，它有一个由六个放射状穗状花序组成的长花序。花已经干了，果实正在形成，值得在六个月后再来一趟，那将会是它鲜花盛开的时候。

一天凌晨，我正躺在自己的吊床上，却听到了极为悦耳的旋律，

▷ 南美堇兰
（*Ionopsis utricularioides*）

Ionopsis utricularioides (Sw.) Lindl.
Rio Cuminá-Mirim, Pará
Margaret Mee
August, 1984

△ 平静的马拉乌河停船处

是维拉普鲁鸟（*uirupuru*）的歌声。这种小鸟是鹪鹩的亲戚，羽毛的颜色比较深。给它们带来不幸的是人类的一种迷信：认为拥有这种鸟的尸体就能带来好运，这导致许多这种鸟儿被捕杀，尸体送上市场出售。歌唱持续了好几分钟，旋律变幻动听，简直不可思议。据说，森林里的生物听到这种歌声会入迷，然后就情不自禁地跟着鸟进入丛林深处。

我在乌鲁帕迪河[6]两岸发现了一些可爱的兰花——南美堇兰（*Ionopsis utricularioides*）和亚马孙旋柱兰（*Mormodes amazonica*）——而

且，受到这些发现的启发，我决定探索其他支流流域，特别是阿莫耶拿河[7]，看起来最有可能成功，因为有人告诉我，在它的发源地那里有一座瀑布。

第二天晚上，我们经过阿克阿拉河[8]河口的洪泛森林。透过落日的斜晖，我们见识到了一个极为秀美的河流交汇口。无尽逝川，不舍昼夜，水和风塑造了岸边的树木，它们中每一棵都成为了自然雕塑中精美的一部分。而当汽船经过时，溅起的水花会轻轻地在它们四周拍打着，穿越它们的枝干，因此它们中有许多都是中空的，好像只剩下了一层空壳。

在我们到达毛埃斯的前一天，我与本托（Bento）一起进行最后一次植物采集。这是一次成功的行动，因为我发现了一株壮观的凤梨，离瓣彩叶凤梨（*Neoregalia eleutheropetala*），它的莲座状叶丛由灿烂的猩红色至橄榄绿色逐渐过渡，中间则是紫色至白色的小花。

回到毛埃斯之后，我接受了一位老人的提议，和他一起在森林里待了一天。他的名字叫雷蒙多（Raimundo），曾经是个猎人。这是我有过的最失望的旅行之一，因为那座森林方圆好多英里内都被摧毁了——被烧焦的干枯巨树矗立在不毛的土地上，被火烧黑的树干上带着白色的伤疤。

在一天将近结束的时候，老人说起了一次经历，这次经历让他最终成为了狩猎的反对者，这让我的情绪稍微好了一些。我们走到了横在路中间的一棵巨树旁，他在那里停下来，告诉我他曾经在这棵树干下遇到过一只美洲豹。他不敢向前走，但也同样不敢往后退，于是只能站在那里，心怀恐惧，不知所措。那只美洲豹疲惫地伸着懒腰，看着他，但目光丝毫没有敌意。他因此鼓起勇气，用和解的口吻与它交谈，答应绝不伤害它，但请求它放他回家。那只美洲豹温柔地站起身，慢慢地伸着懒腰，打了个哈欠，静静地走进了森林。

隔天早上，我们乘坐神父们的汽船，启航前往马拉乌河[9]，这时天还黑着。天空看上去像要有场暴风雨，当我们进入乌鲁帕迪河时，一道白色的雨幕扫向我们，包围了一切，让所有东西都变得模模糊糊的。

我们终于抵达了目的地，印第安检查站探险队的所在地，那里有一些印第安人在等我们，除了探险队的奥托医生（Dr. Otto），还有其他乘坐抗疟疾服务部的汽船过来的员工。我们坐上了小小的"唐娜罗莎号"（Dona Rosa），它将带着我们，沿着狭窄的马拉乌河前往纳扎雷[10]。

"唐娜罗莎号"是货真价实的噪声大王，它的发动机时不时发出可怕的噼噼啪啪声，船舵也不时出现各种各样的毛病，导致它时而在深深的洪泛森林里停下，时而撞到树上。当我们航行时，河流变得越来越美丽，我们绕着弯曲狭窄的航线曲折前行，拂开森林中树木的叶子，突然进入了一个洪泛森林，四周有着弯弯曲曲的树木，其中许多已成空壳；然后又经过了一片由哈拉棕榈树环绕的森林，蓝色的小型棕榈科植物遮盖着水面，如同蕨类覆盖着卡廷加森林的土地。

陡峭的白色沙岸通往一些棚屋，那里就是位于纳扎雷的定居点，还有一座用竹子和棕榈叶搭成的简陋教堂。

我在神父的房子里搭起了吊床。房子干净、宽敞，弥漫着干燥的棕榈叶子令人舒服的芳香。奥托医生和抗疟疾服务部的成员们在为村民看病的时候，我在黑色的河水中游泳，但由于害怕湍急的水流，就和两个印第安小男孩吉尔贝托（Gilberto）和弗朗西斯科（Francisco）一起乘坐独木舟采集植物去了。吉尔贝托以惊人的敏捷在一棵树上爬得高高的，从一根我很担心会因为他的重量而折断的枝干上，他扔下了一株我从远处就看到的奇特的凤梨科植物。它形状如同一个希腊双耳瓶，叶子从它红色的根部向后急转，有点像一柄剑，带着锯齿状的黑刺。这株植物没有开花，但我确信这是一个新的物种。后来证明确实如此，它被命名为多花尖萼凤梨（*Aechmea polyantha*）。

△ 短梗炮弹树
（*Couroupita subsessilis*）

注释：

1 毛埃斯河（Rio Maués，现写作“Maués-Açu”），毛埃斯河流经毛埃斯市（Maués），该市位于亚马孙州，距玛瑙斯市 267 公里。

2 伊瓦岔流（Paraná da Eva），亚马孙河的岔流，是一个狭窄而繁忙的河道。

3 拉莫斯岔流（Paraná do Ramos），位于亚马孙州东部，亚马孙河南部。

4 毛埃斯（Maués），位于亚马孙州东部，亚马孙河以南的市镇。“Maués”取名自图皮人的原住民语言，含义为充满好奇和智慧。“Maués”或者“Maue”也用来指代长居该地的原住民族群，或“爱说话或聪明的鹦鹉”。

5 阿尔比诺支流（Igarapé do Albino），位于毛埃斯河流域。

6 乌鲁帕迪河（Rio Urupadi），位于亚马孙州，实际上是一条小溪流，向北汇入马拉乌河。

7 阿莫耶拿河（Rio Amoena），毛埃斯河的支流。

8 阿克阿拉河（Rio Acoará），推测应为乌鲁帕迪河的支流，现已无从考证。

9 马拉乌河（Rio Marau），毛埃斯河的支流，位于亚马孙州东部，亚马孙河以南。

10 纳扎雷（Nazaré），位于亚马孙州东部，亚马孙河以南。

▷ 多花尖萼凤梨
（*Aechmea polyantha*）

Aechmea polyantha Pereira & Reitz
Rio Maraú, Maués, Amazonas
Margaret Mee
January, 1973

Catasetum punctatum Rolfe
Amazonas. Rio Mamori
Margaret Mee
July. 1974

第 8 章

马莫里河和马拉乌河沿岸的兰花

Orchids on Rio Mamori and Rio Marau　1972 年

从古根海姆奖资助的第一次植物采集旅行归来后，我确定了下一次旅行将有机会前往亚马孙流域的新区域。将近六个月后，即一九七二年三月中旬，我离家，乘坐黎明航班前往玛瑙斯，打算从那里前往奥塔济斯[1]的港口，那是几条有趣的河流的汇集之处。前往这个地区的目的之一，是研究与报告违反森林法的行为，以及狩猎、砍伐树木等的情况，但我也下定决心继续采集植物并为它们作画。

我联络拜访了塞维里诺（Severino），希望他担任我旅行期间的驾驶员。我曾在亚马孙国家研究院的船坞那里打听是否可以买一条独木舟，那里的人们向我推荐了塞维里诺，说他为人可靠，而且是个很好的独木舟驾驶员。但是，我等了两个小时他才出现，这看起来并不是特别可靠；而且他已经七十岁了，我开始怀疑他能否胜任。后来，他的性格使我接受了他，让他加入了这次旅行。

抵达玛瑙斯六天后，我听说亚马孙国家研究院在当地有一处公寓可以供我使用。这真是大好的消息！而且还有一个好消息——我成为了一条漂亮的独木舟的船主：船的长度为九米，宽度为一点五米，状态绝佳。这条船很宽敞，能够轻松地劈波斩浪。它使用一台六马力的船外发动机，前进的速度很快。唯一的问题是没有雨篷，我希望能在奥塔济斯定做一套。

◁ 点斑瓢唇兰
（*Catasetum punctatum*）

四天后，塞维里诺和我启程了。

我们终于来到奥塔济斯。由于船上没有雨篷，风吹日晒使得我容颜憔悴，而且大风总是把我的大草帽吹起来，暴露出我的脸的下半部分，这让我看上去像一条带着鳞的鱼。一位当地人接下了给船造雨篷的活儿，这将解决遮风挡雨的问题。

奥塔济斯当地和周围的植物状况不佳，因为许多地区遭到滥伐与焚烧。雨篷最后总算来了，看起来大到可以遮住一座房子，而且外观是漂亮清新的绿色。塞维里诺和两个男人把它装上了独木舟，看上去棒极了。

第二天一早我们离开了奥塔济斯去往马莫里河。途中经过的马

◁ 血红树兰
（*Epidendrum ibaguense*）
又称攀缘兰

代里尼亚河[2]是一条平淡无奇的河流，没什么意思。

进入马莫里河时下起了毛毛细雨，我用哥伦比亚式的羊毛披肩把自己的身体包裹起来努力保暖。但随着白天到来，气温升高了，也能看到树上的有趣植物了。我瞥到了对面河岸上一棵巨树上的一株植物，看上去像是一棵奇唇兰属植物（*Stanhopea*）。到了跟前时，我可以分辨出在大批深色树叶背景之上悬垂的白色花朵。它们看起来似乎遥不可及，直到我注意到了一棵书带木属植物——大花书带木（*Apuí*）的根形成的自然梯子，一直通到这簇庞大的植物身边。塞维里诺用钩子挂住了一株开着花的植物，但见到这样一丛灿烂的花朵，他完全无法抑制地把它们全都挖了下来。想到我们沿岸看到

▽ 我的独木舟停泊在马莫里河畔

的许多人为破坏的迹象，我只能在心中祈祷，希望这些植物能够继续茁壮成长更多年，让空气中能弥漫着它们怡人的芳香。

事实证明，马莫里河的确是采集植物的一块宝地，因为我在那里发现了许多兰花、瓢唇兰属植物和树兰属植物，而植物的根上的火蚁着实让塞维里诺和我吃了不少苦头！

第二天上午，我们穿过河流上了岸。我注意到那里有一片绚丽的黄色花朵。离得越近，我就越兴奋，因为我看到了它们不同寻常的外观。我意识到自己是第一次看到这个物种。在过去的旅行中，我曾见到过同为紫葳科的许多种藤本植物，因为在六月里有几个物种开花了，主要是粉红色和紫色的花朵，而这些喇叭状的花朵亦随着河水顺流而下。但这个物种有所不同，它开着引人注目的黄色大花朵。这株藤本植物缠绕在一些小树上，很难把它的木质主枝与周围的植物分开。那些花朵生长在很高的地方，让人看着心急；我解开了卷须，金色的花朵在刹那间落花成阵。我们继续向上游前进时，我把这株植物放在船上并为它作画，因为藤本植物的花朵纤弱而且花期短暂。

这个区域里有许多不同寻常的鸟类，包括红蓝色的金刚鹦鹉、鹦鹉、长嘴鸟类，还有一种红黑色的鸟，有些像绯红冠娇鹟，除此以外还有许多别的鸟，但只有老林子里才能见到，而在我们经过的那些惨遭摧残的荒芜土地上就看不到了；那里散布着棚屋，到处堆放着大罐子和大桶，我想是人们在那里勘探石油。

马拉乌河

我回到了玛瑙斯，并从那里出发，重新造访毛埃斯河及其周围水域。在等待出发的时候，我找到机会到附近的塔拉马辛诺[3]洪泛森林采集植物。我在那里发现了一些奇妙的植物，包括我曾经画过的斯氏鞭叶兰（*Scuticaria steelii*）、树兰属（*Epidendrum*）、巴氏兰属和喜林芋属植物。

离开玛瑙斯时刮起了狂风暴雨，简直是一场噩梦。旅途的第二天我们来到了毛埃斯，这天恰好是我的生日。我们得到了一条独木舟上的一位印第安人的指点，若没有他，我们永远也弄不清楚该如

▷ 斯氏鞭叶兰（*Scuticaria steelii*）

何前往马拉乌河。几天后，我们穿过了一道风景秀丽的洪泛森林，里面有许多凤梨科植物，我多么希望能把它们采集下来啊。中午时分，我们抵达了纳扎雷。

隔天一早，我就在船上装上了我不认识的凤梨科植物，包括一株正在开花的动人的光萼荷属（*Aechmea*）。说起它还多亏了本托，他游泳游到了一棵树边，它的一个枝杈靠近水面，有好多这种植物生长在这个枝杈上。在游泳时，他嘴里衔着我的那把锋利的采集刀；灵巧地爬上树后，他用刀尖熟练地挑开了那些大型蜘蛛和蝎子，然后砍斫那些坚韧的木质树根。他才砍了一下，无数只恶狠狠的蚂蚁就飞扑向他。我喊着要他别砍了，因为我知道这些蚂蚁蜇人有多疼。但他只是坚忍地笑了笑，并没有罢手。当实在受不了叮咬时，他就跳到河里把蚂蚁洗掉，然后回去接着干。他从那棵树上为我带回了两株植物，其中之一花朵正当绽放。

在洪泛森林更加开阔的部分，在一株庞大的坚硬的紫花风铃木（*pau d'arco*）顶端，有一个很多紫色花朵组成的林冠。在白色的树干顶端是两株巨大的凤梨科植物，从它们双耳细颈瓶型的叶子上出现了珊瑚红色的花序。这些植物实在太高了，仅依靠攀爬是无法接近

◁ 长鼻浣熊（*Quati*）

▷ 斯氏鞭叶兰（*Scuticaria steelii*）

Scutacaria steelii Lindl.
Amazonas, Rio Negro
May, 1972
Margaret Mee

的，因为在林冠前面没有树枝。我在触手可及的地方搜寻植物，结果发现了三株没有开花的。那里还有许多可以采集的植物，因为在我到过的所有地区中，这个洪泛森林是最少受到人类干扰，而且附生植物最丰富的地区之一。在这里，哈拉棕榈树在紫花风铃木和其他大型阔叶树之间生长。当我们到达那里时，一个印第安人划着独木舟靠过来，给了我一株带有条纹唇瓣的兰花，它看起来十分有意思，学名叫作异色瓢唇兰（*Catasetum discolor*）。

那天夜里，我们在附近的一个隐蔽处搭起了吊床；猫头鹰在我旁边的树上叫着，我能听到它们的配偶在森林的远处遥相呼应。我已经采集了不少植物，但第二天上午我又发现了瓢唇兰属植物和其他兰花，还有开着几朵蓝色花朵的可爱的深蓝雨娇兰（*Aganisia cerulea*）。

终于到了我们不得不返回毛埃斯的时候了。回去时教堂里已经住满了人，于是我住在了来访的抗疟疾服务部的汽船里。

这个地区的水非常肮脏，死老鼠和一些别的“东西”漂浮在水面上，无法辨别，也没人愿意仔细分辨。赤日炎炎，如同火烧，本托花了一上午清洗与整理植物，整理好了的就得赶紧送到雨篷里阴凉的地方去。酷热的天气使我感到昏昏欲睡，但我发现河里的那股气味能帮助我保持清醒。

第二天，我收拾好了我们所有的行李，然后登上了一条前往玛瑙斯的客船，并把我自己的独木舟拖在客船后面。在一片泥泞如沼泽般的草地上，我们看到了一些令人兴奋的植物场景：一株开着红色花朵的蝎尾蕉属植物，还有一株美丽的紫色马鞭草属植物（*Verbena*）缠绕着沼地番木棉的大白花。但这片森林只不过是幽灵般的场景，那些巨树已经在水里躺了很多年了。现在一棵巨树也看不见了，所有这一切的破坏，获得的结果似乎只是几间凄凉的棚屋，而其中的

▷ 异色瓢唇兰（*Catasetum discolor*）

许多也已经被废弃了。

旅途结束时，船长同意让我在亚马孙国家研究院的浮动泊船处下船。在研究院逗留了几天之后，我搬到了圣杰拉尔多女子修道院（Convento do São Geraldo Precessimo Sangue）居住，我在那里有了一个带浴室的可爱小房间。房间宁静、远离尘世，而最重要的是，那里是理想的作画地点。

巴塞卢斯和塔普鲁夸拉

安排好了将我的植物空运里约热内卢植物园（Botanic Garden in Rio）后，我和抗疟疾服务部的负责人聊了聊。他告诉我，服务部的一条汽船将于隔天离开，前往巴塞卢斯。于是我们安排好，服务部的汽船将到国家研究院的浮动泊船处接我，并将我送到巴塞卢斯。他们将把我留在那里十天，其间他们在那一带工作，然后我将和服务部的人一起去塔普鲁夸拉。

只有亲眼目睹，才能相信内格罗河两岸的破坏情况达到了何等程度。在大片毁林烧荒的田野里，小型定居点里的人们什么也没种出来，或者最多只种出来少得可怜的木薯。疟疾肆虐；正是在有人告诉我疟疾已几乎绝迹的地方，而事实上，这些地方的情况比以往任何时候都更严重。人们把木材从森林里运出来，而红铁木豆（*pau rosa*）几乎已经灭绝了，只在河流源头处才能找到，因为那里距离遥远，不易开发。月桂属植物（*laurel*）和亚马孙热美樟（*itáuba*）也消失了。当这些物种和其他物种不复存在时将会发生什么事情？将来会如何？

当我们乘船轰隆轰隆地沿内格罗河溯流而上时，我在狂风暴雨

▷ 粉垂蝎尾蕉（*Heliconia chartacea*）

Margaret Mee
Heliconia chartacea
Cult: Rio de Janeiro,
Sitio Burle Marx
Proc. Venezuela (Amazonas)
1975

中与一只美丽的巨嘴鸟发生了有趣的邂逅。此后不久，我又遇到了兰花采集者阿道夫·里克特（Adolfo Richter），他坐在自己灰色的独木舟中，穿着灰色的兜帽雨衣，抽着烟斗，庄重而又全神贯注地看着树木，以至于没有听见我的喊声。他仿佛处于梦境之中，全身都笼罩着河流上弥漫的雾雨。

我发现白天能够看到的鸟类很少，但当黑夜慢慢来临时，我看到了成群的鹦鹉和其他鸟类。随着天色越来越黑，欧夜鹰静静地在水面上空低飞，寻找昆虫时丝毫不惧怕船只。

我们穿过了我有生以来见过的最宽阔的洪泛森林，它一直伸展到我的视线不及的地方。这一大片水域中的小岛星罗棋布，事实上，它们通常是许多缠绕生长的植物，围绕着一群形态奇特的树木生长，这些树的树干上覆盖着白色的地衣。我们缓缓地在这些小岛之间穿行，经过了一片片深颜色的大树，却看不到多少附生植物，可能是由于河水过于频繁地冲刷着这一区域。

当我们跨过考雷斯河[4]时，我看到了一簇堇色卡特兰，我又一次想到，回程时会采集到多少植物啊。驾驶员估计我们将在夜里九点抵达巴塞卢斯。那时在巴塞卢斯和塔普鲁夸拉疟疾肆意横行，抗疟疾服务部汽船的驾驶员纳扎雷尼（Nazarene）警告我要当心。纳扎雷尼在塔普鲁夸拉为我找到了一个很好的向导，名叫德奥林多（Deolindo），我将在他和他的助手雷蒙多（Raimundo）的帮助下前往库尤尼河[5]。这次旅行将历时五到六天。河流沿岸的住宅极少；航行期间我注意到，沿岸植物非常相像，直到最后两天才有所改变——我们进入了一个岸边长满大树的奇妙的洪泛森林，位于库尤尼河河口之上，我在那里采集了此行最好的植物，包括兰欧文心兰（*Oncidium lanceanum*）。在一株漂亮的水塔花属植物中蜂拥跑出了一只大青蛙、两只红色的蝎子和几群狂暴的蚂蚁。

▷ 兰欧文心兰（*Oncidium lanceanum*）

Margaret Mee
Oncidium lanceana Lindl.
Amazonas 1975

△ 我们没有在德拉河（Rio Daraá）上航行很远

洪泛森林里鸟类很少。本来我以为是被烧了，后来才意识到，这里奇怪的植物群集延绵的面积如此广大，是由于所谓的大燃烧[6]所致。一九二五年的天气极为炎热，自燃引发了这个地区的森林大火，这里许多地方的植被都被烧光了；只有紧靠河流的森林才幸免于难。想必，人类已经极尽所能地在持续破坏自然了。

我从库尤尼河返回的日期早于预定计划，主要是因为我发现了一株美丽的堇色卡特兰。这株样本有着四朵堪称完美的花朵。它似乎是还在开花的最后一棵了，因为我再也没有发现其他开花的堇色卡特兰，所以我认为，它完美的状态可能没法持续到我把它画完。回程的船上载满了篮子，里面装着砍下来的植物。好奇的蜂鸟飞了过来，在花朵上空盘旋。成群的金刚鹦鹉在我们头上翱翔，还有许多橙翅鹦哥和鹦鹉，其中有一只很不寻常的鹦鹉，有嫩黄色的身体和深绿色的翅膀。黄腰酋长鹂（*japim*）和发冠拟掠鸟（*japo* 或 *japú*）把它们编织的长长的窝悬挂在比较高的树上，偶尔也能看到巨嘴鸟和黑色的野鸭子。一只雄性吼猴游泳横渡河流，在穿越了宽阔的水域之后接近了河岸，就要来到水边的哈拉棕榈树跟前。德奥林多身子靠着船，向外伸出胳膊，抓住了这只可怜的小生灵，它的表情充满了恐怖与绝望。我严厉地命令他放开这只吼猴，同时让雷蒙多开船，但要他开得慢些，而后我欣喜地看到那只因为疲惫而步履艰难的动物抓住树干爬了上去，穿过洪泛森林的树丛，走到了安全的地点。它的皮毛带有灿烂的板栗色。

回到巴塞卢斯之后我专心作画，只为下一次前往塔普鲁夸拉的旅行抽出时间做了准备。我将乘坐抗疟疾服务部的汽船，把自己的独木舟拖在汽船后面。

我们一整天都在穿过最神奇的森林，这座森林从圣多美[7]开始一直延伸了大约四十千米。在这个美丽的河岸对面有一座长长的岛屿，二者之间形成了“巴拉那”[8]。岛上的加瓦里棕榈树与阔叶树混杂在一起，风景也同样秀丽。陆地上的植物好像以落囊花属植物为主，当地人称之为“*macucuzinho*”（意思为小猴子）。那些树极为高大，高高挺立在深水中。这个地区的风景如此瑰丽，我决定，回到玛瑙斯之后就向巴西林业发展研究院提出，请他们考虑将它设立为森林保护区。在靠近塔普鲁夸拉的地方，那些大树大都被人盗伐了。小树失去了成熟大树的支持而倒下，我们可以看到小树中间的缺口和它们混乱的生长状况。

我在塔普鲁夸拉的时间似乎主要用来和老朋友叙旧。在纳扎雷的时候，我找到的向导名叫莱昂纳多（Leonardo），是个塔利亚那印第安人（Tariana Indian），他曾带着一个协助他的印第安少年若昂（João），参与过我的河流旅行计划。

德拉河是采集植物的好地方，我在那里得到的主要收获是一株水生仙人掌，当时叫作维氏百足柱（*Strophocactus wittii*），现在改为了维氏蛇鞭柱（*Selenicereus wittii*）。我第一次看到这种植物是在距离塔普鲁夸拉不远的地方，但因为它身上的刺太多，当时帮助我采集植物的男孩没有动它。我在河中间遥望岸边，看到了落日余晖照耀下叶子上那一抹闪光的绯红色。此前我从一位森林居民那里借了一条独木舟，所以能够直接划到一处洪泛森林，那株植物正是紧贴着那里的一棵大树的树干生长的。不同的大叶子看上去几乎像是变种，因为它的根是从叶子朝下那面的纹理中生长出来的。我也在那里发现了鲜花怒放的蓝花雨娇兰（*Aganisia cyanea*）和一株苍白的、几乎是全白的鞭叶兰属植物（*Scuticaria*）。

夜里，我睡在自己的独木舟里，吊床捆扎在两根柱子之间，我的蚊帐挂在身体上方，而莱昂纳多和若昂则在陡峭的岸上找到了一个无人居住的棚屋。这里的平和令人惊叹，夜里只能听到情绪欢快的亚马孙淡水豚的溅水声和叹息声。

这时候，船头已经放满了植物，这使得我很难在船上四处走动，而我的拇指和食指之间的位置被亚马孙巨蚁（giants Amazonian Ant，当地又称作“*tocandira*”，为恐针蚁属）蜇了一下，现在肿起来的地方疼得厉害，这让走动更加困难了。这很痛苦，但也怪我自己，因为我在采集的时候没戴手套。

第二天我们调转航向，前往乌鲁巴希河[9]，我运气不错，在那里碰见了一个愿意卖给我一条小独木舟的男子，这样我就可以在洪泛森林采集植物了。船很结实，做工很好，而且与我在巴塞卢斯见到的那些相比，价格便宜得惊人。事实上，就算用与它等重的黄金交换我都不亏。我的所有植物都可以放进这条独木舟，这样一来，船上腾出了地方，可以存放我在德拉河买的汽油。

在乌鲁巴希河的采集好极了，这次我有了一些大发现：一株兰花，五脉爪唇兰，它生长在一个没有了蚂蚁的蚂蚁窝上；很常见的蓝花雨娇兰和一种苍白色的鞭叶兰属植物；凤梨科植物多极了——许多尖萼凤梨属、彩叶凤梨属、星花凤梨属植物（*Guzmania*）、气球菌属（*Aerococcus*）和水塔花属植物。

▽ 马莫里河上的日落

河岸边曾经生长着大量布里蒂棕榈树，在它们的庇护下，一棵小树深深地扎在水中，结满了樱红色的果实。黑色和绿色的浆果挂在灿烂的粉红色苞叶下面，让人想起了卫矛果（spindleberry）。我在船上很快地画下了这一幕，然后对我在附近花朵丛中发现的一株非常可爱的书带木属植物做了素描。

河流两岸壮观的布里蒂棕榈树遭到的摧残简直难以想象。人们不再爬到树上砍下一串串果实，而是把整棵树砍倒，导致这个物种逐渐消亡。更严重的是，水面上漂浮的庞大树干让河里的船只处境危险。在洪泛森林中，这种破坏已经造成了植物混乱无序的缠绕生长，而对河岸则造成了侵蚀。遭到灭顶之灾的并不仅仅是这种最为壮观的棕榈树，许多阔叶树也被盗伐，留下了发黑的树桩和被烧毁的植物。整条河流两岸都遭到了广泛的破坏。人们并没有栽培任何作物，他们只是一味地榨取。

到了现在，我的一大一小两条独木舟看上去就像巴比伦的空中花园，因为我采集了这么多植物，没法全部安置在船面上，于是，我把带刺的水生仙人掌放在大独木舟的船沿下面，看上去像大烛台的彩叶凤梨属植物和它比邻而居。莱昂纳多极富创意，他动手做了一个植物架放在独木舟里。我有次说到兰花的根全都浸足了水，没过多久他就做成了这个架子，而且与船甲板的轮廓完全吻合。他还用我的大张塑料布做成了卷帘，既能为我挡雨又能防蚊。

几天之后，我和莱昂纳多还有若昂一起，从塔普鲁夸拉出发去玛瑙斯。尽管一路上河水波涛汹涌，我还是采集了一株精致的莲玉蕊属植物，而且把它画了下来。这株植物开着一朵极大的纯白色鲜花。

一天早上，因为巨浪敲打着船头，完全不可能行船，我们等了很长时间，于是莱昂纳多也就难得地让自己休息了一次，而若昂和

▷ 方环番金莲木（*Ouratea discophora*）

Margaret Mee
Ochna
Amazonas, Rio Jurubaxi, June, 1942

我则划着小独木舟进入洪泛森林。我们一来到昏暗阴凉的树下就发生了一次可怕的撞击，我猜莱昂纳多一定在敲着那条大独木舟的船边来吸引我们的注意，让我们赶快回去。但若昂对此只是一笑置之，说了句，“吼猴罢了”。然后，就在我们头顶上，一群吼猴发出了震耳欲聋的怒吼。这群家伙离我们这么近，我可以清楚地分辨出头猴的沙哑嗓音。若昂探询地看了看我，想知道我是不是受了惊吓，问我是否希望放弃采集。他告诉我，如果那批猴子不想让我们在这里，它们可能会向我们投掷树枝，或者朝我们便溺。我们仍旧继续采集，我们决定留下的举动也没有带来什么伤害。事实上，我在那里发现了一个新的凤梨物种，它的花序犹如雅致的大烛台，每个花枝顶端开着像蓝水晶一般透明的小花。

长叶扭萼凤梨有着精致的长叶子，它们悬挂在深深地浸在河水中的一株大树上。我可以透过这些叶子，看到淡粉色的花朵；这个物种的花朵几乎全部隐藏在叶筒里。若昂爬上树杈，取下了这株植物，把它扔到船上。我十分震惊地在植物中看到了黑色的蝎子，其中一个大家伙的尾巴向上翘着；六七只蠕动着的蜈蚣，是著名的有毒品种；至少十二只黑蟑螂，也是有毒的，因为我记得自己曾在库里库里亚里被这样一只黑蟑螂咬过；还有数以千计的狂暴的蚂蚁。我们花了好一阵才将这群小动物洗进河里。我希望那些植物里面再没有寄生的动物了，因为它们此后不久就被送进了里约热内卢的植物园。

白天，在日光的照耀下，内格罗河在接近玛瑙斯的河段里水流湍急不安。我们顺流而下，经过阿纳维利亚纳斯群岛[10]进入了宽阔的河面，这时我的小船在浪涛中颠簸，如同一只在水中漂荡着的软木塞。想到即将离开我喜爱的内格罗河与亚马孙丛林，我心中不免感到悲伤，但野地里的三个多月旅行也让我疲倦不堪，容颜憔悴。

独木舟现在看上去像一座浮动的森林——船沿周围悬挂着植物，篮子里的叶子与花朵爆满，有许多花苞在旅途中开放了。前来在花蕊中汲取花蜜的蜂鸟已经被远远地甩在船后，取代它们的是在空中盘旋的兀鹰，它们正在为垃圾的归属争吵。我们正在接近城市的污染和喧嚣。

▷ 德文郡盔蕊兰

（*Galeandra devoniana*）

注释：

1 奥塔济斯（Autazes），位于亚马孙州东部，亚马孙河以南。

2 马代里尼亚河（Rio Madeirinha），位于亚马孙州南部，是奥塔济斯以西的一条水道。

3 塔拉马辛诺（Taramãsinho），指亚马孙州毛埃斯的一个水洼地区。

4 考雷斯河（Rio Caurés），位于亚马孙州，在巴塞卢斯西南方向。

5 库尤尼河（Rio Cuiuni），位于亚马孙州，是内格罗河的其中一条支流。

6 大燃烧（*Queimada*），指人们有意识地用火来清理土地。

7 圣多美（São Tomé），位于亚马孙州。

8 巴拉那（*paraná*），葡萄牙语，指河流的岔流（分流）、狭窄的水道，是一条河流的主道因一个或多个岛屿而形成的。

9 乌鲁巴希河（Rio Urubaxi），内格罗河的支流。

10 阿纳维利亚纳斯群岛（Arquipélago das Anavilhanas），位于亚马孙河流域的内格罗河内，由数百个岛屿组成，构成了巴西最大的生态体系，是世界最大的内河群岛。

▷ 玛格丽特折叶兰
（*Sobralia margaretae*）

Sobralia margaretae Pabst
Rio Urupadi, Amazonas
1944
Margaret Mee

Margaret Mee
August, 1981

Catasetum macrocarpum L.
Amazonas

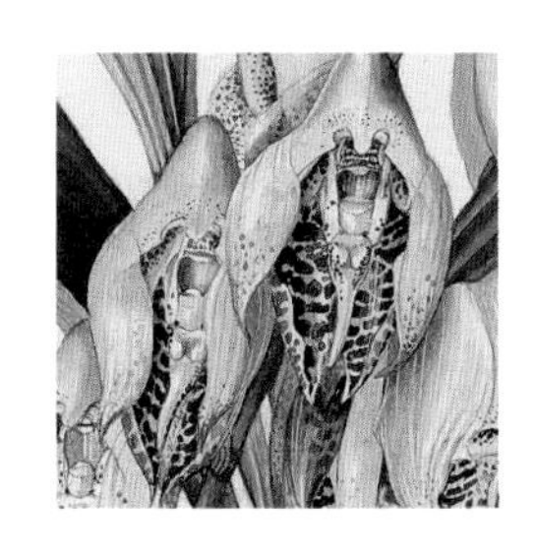

第 9 章

玛瑙斯周围的瓢唇兰属植物

Catasetums around Manaus　1974—1975 年

△ 大果瓢唇兰
（*Catasetum macrocarpum*）

◁ 大果瓢唇兰（雄花）
[*Catasetum macrocarpum*
（*male*）]

小小的巴黎旅馆（Hotel Paris）就藏在玛瑙斯的华金纳布科大道[1]上，毗邻巴西国家印第安人基金会（FUNAI）总部。在这个城市游荡了一番之后，我入住了这家旅馆。

尽管有些疲倦，我还是去和巴黎旅馆的东主卡皮沙巴（Capixaba）聊了会儿天，他以他一贯友好的态度接待了我。我坐下来喝着一小杯黑咖啡，这时刚好有人送来了一件英国航空公司的行李袋子。我没有抬头看这位高个子老板，只是询问他，旅馆中是否有英国客人入住。是的，他说他会去接他过来。那位客人的名字登记作“克里斯托旺”（Cristovão），我看了看住客登记簿，却惊讶地看到了来自格洛斯特郡[2]的一位朋友的签字。

年轻的克里斯托弗（Christopher）有些情绪低落，对于未能获得前往上内格罗河与沃佩斯河旅行的许可而深感失望。他不明白为什么会遭到拒绝。他只是希望会见在这两条河流沿岸生活的印第安人，并领略灿烂的亚马孙河风光。我向他解释，一些英国记者最近访问了那个地区，他们发表的文章与照片引发了不满，他很可能是因此被拒的。

如此一来，这对我们两人来说都是一个天赐良机，克里斯托弗欣然接受了和我一起旅行的邀请。我想起了自己在格洛斯特郡与他相逢的情况，当时他的生活环境优裕、文雅，因此提醒他，这一去可能会风餐露宿，环境艰苦。

几天后的一个下午，我们驾船从亚马孙河出发，一路驶向安迪拉河[3]。河水平静，预示着一个风平浪静的晚上。

那天从傍晚到夜里的天气都好极了，繁星万点，上弦月皎洁，水面平静如同玻璃一般。我们睡觉时整夜都有大船经过，我睡在船里，其他人则睡在漂浮的停船地点。第二天，我们沿着伊瓦岔流航行。这是一条相当狭窄的水道，水上交通极为繁忙。

我们继续沿着极为漫长的拉莫斯岔流航行。一些华丽壮观的鸟类出现了，这让克里斯托弗非常高兴，它们中包括金刚鹦鹉、鹦鹉、鹮鹂、苍鹭，还有一种水栖鸟类，我曾经在齐默尔曼[4]有关鸟类的书中见过它的图画，这里有一大群，其中还有不少幼鸟。当我们的船经过它们身边时，它们向我们高声大叫。河里有数以百计的亚马孙淡水豚，不时跃出水面。

在巴雷里尼亚[5]的河流港口边有一个天主教小教堂，带有附属学校，我在那里恳求借宿了一夜，同时询问他们是否能够推荐一位驾驶员，可以带我们去往安迪拉河。他们选择了马诺埃尔（Manoel），他是位个子矮小而结实的印第安裔，我对此毫无异议。我们在教堂里吃过了晚餐，度过了一个平静的夜晚，而后在第二天早餐之后的上午十一点三十分出发，教堂里的修女们和一伙看热闹的人目送我们出发起航。

在一个洪泛森林采集各种瓢唇兰属植物的时候，我被黄蜂叮了一口，却没有任何反应。我在想，是不是因为被叮过许多次，所以现在产生免疫力了？横跨宽广的安迪拉湖泊（Lake of Andirá）后，我们遇到“班泽罗”（*banzeiro*），这是当地人对暴风雨之后的巨浪的叫法，这让马诺埃尔非常紧张，同时也让我失去了大量精致的采集物，但我暗自决定，如果可能，我要再来这里一次。经过土库曼杜

▷ 大果瓢唇兰（雌花）
[*Catasetum macrocarpum*（*female*）]

Margaret Mee
July, 1981
Catasetum macrocarpum
L. C. Rich. (fem. form)
Amazonas

芭[6]之后，我在一片洪泛森林发现了大果瓢唇兰的雄花和雌花，这让我激动不已。这简直是不可思议的魔法世界。水面如此平静，我无法区分幻境与真实。

我们沿着亚马孙流域的这一部分水域航行，前往阿莱格里角[7]，希望在那里能比较轻松地通过印第安检查站，因为我们没有所需的证明文件。最终，我们花了一夜的时间，在主持检查站的青年达尼埃洛（Daniello）的坚持下，交出了照相机、左轮手枪等东西之后才被放行。他是亚马孙本地人，因此，与我遇到的其他官员相比，他与部落的关系更好一些。但印第安人老酋长弗兰萨（França）住在那里，他享有的权威似乎高得多。

经过莫隆果图巴[8]之后，再往前一段路就到了西芒[9]，它位于一条蜿蜒地流过平原的河流的上游源头，处于酋长马诺埃尔（Manoel）的势力范围。与部落里大多数人不同，马诺埃尔讲葡萄牙语。他带我们进入一个宽敞的公共长屋，并让克里斯托弗和我坐在他两边，而半数村民都聚集在屋里，沿着墙壁坐成一个半圆形，面对着我们。我们与这些很讨人喜欢的人们交谈，酋长马诺埃尔充当翻译。这些印第安人看上去与外界接触得很少，他们彬彬有礼的安静模样让人耳目一新。

回程时，在我们到达阿莱格里角两个小时前就天黑了。这是一次艰难的行程，但幸运的是，明月当头，这对我们很有帮助。克里斯托弗和马诺埃尔接受了弗兰萨的邀请，把他们的吊床安置在村里的公共长屋里，而我则睡在船里。隔天一早，热情好客的吉列尔梅（Guilherme）为我带来了植物，可以加入我的收藏，包括一株凤梨科植物，利瓦伊彩叶凤梨（*Neoregelia leviana*）。这是一个非常美丽的物种，带有五个分枝，形成了一个大烛台的形状。

▷ 利瓦伊彩叶凤梨（*Neoregelia leviana*）

钱币在这里好像很稀缺，但我需要给达尼埃洛零钱，来支付吉

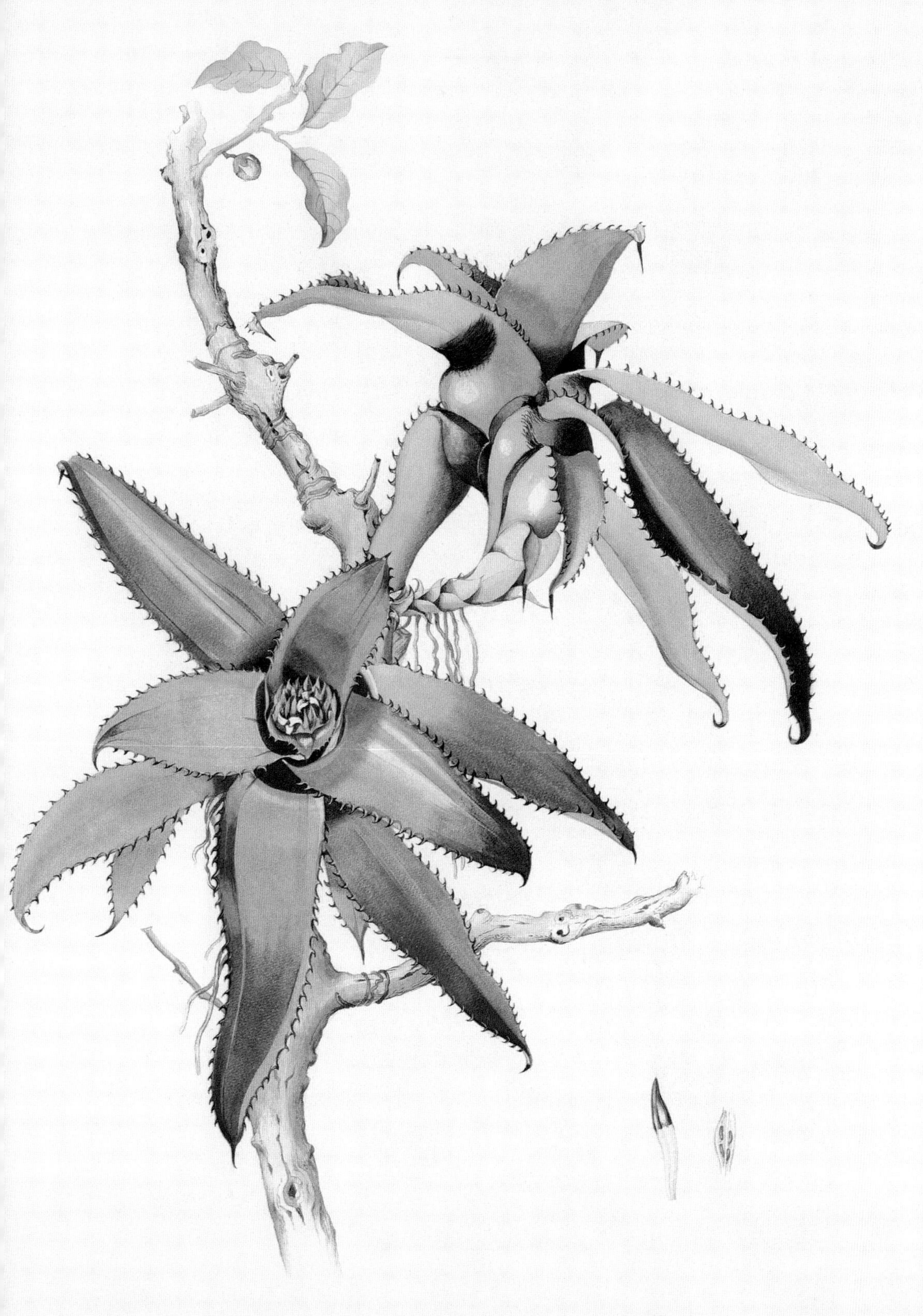
Margaret Mee
Neoregelia (unclassified)
Proc. Amazonas, Rio
Uaupés Dec. 1964
Neoregelia leviana L. B. Smith (1968)

列尔梅的服务费用。村子边缘有一个小店，属于一个商人。那是个令人极其不舒服的人，他差点拒绝让我兑换零钱。究其原因，或许是因为他把一只豹猫的皮放在墙上，与其他森林动物的皮毛一起陈列售卖，而我以很不赞成的目光斜眼看着那张带着美丽斑点的豹猫皮，而这一切被他看在眼里。

我曾对一个洪泛森林寄予很大的希望，但我在那里只发现了一株瓢唇兰属和几株扭萼凤梨属植物（*Streptocalyx*）。不过，在从西芒回来并经历了那些磨难之后，采集植物已经不再是我心目中最主要的事情了。一天晚上，河面波涛汹涌，我们急忙把独木舟的船头和船尾都系在萨普卡亚[10]河湾的固定物上，然后拖着船上的东西上岸。这时浪涛打上了船尾，独木舟里开始进水，而后整条船逐渐沉入水底。严格意义上来说，我们遇到了船难。而事实证明，马诺埃尔的河流相关知识和野外生存经验简直是神赐礼物，因为他知道如何将独木舟打捞起来。现在我们又继续前往巴雷里尼亚了。马诺埃尔就像一匹归心似箭的马儿，不可阻挡地全速狂奔。

穿过安迪拉河河口（Boca de Andirá）之后，我们又碰到了坏天气。我们迎着可怕的怒号狂风继续前进，但后来天空看上去实在太凶险，且伴随着雷声轰鸣，由于担心再次发生船难，我们便在一个只有一间小棚屋的港口处停泊，在一株倒下的树上系上了船缆绳。我们钻进棚屋避雨，希望能等风暴过去。直到棚屋主人驾船回来，我们才不得不离开，但随后又一头撞进了另一场携带着暴雨而来的狂风之中。就在风暴达到最高潮之刻，我瞥见了一株壮观的瓢唇兰属植物，它高踞于一棵大树的树干上傲然开放。在它前面是一片漂浮着的青草，组成了巨大的屏障。克里斯托弗自告奋勇，前去采集。他试图避开那些无法穿过的草堆，腰部以下因此陷入河床淤泥，与此同时，蚊子和蚂蚁也正在肆意折磨着他。他垂头丧气地败阵而归。于是，

▷ 罗德古斯尖萼凤梨（*Aechmea rodriguesiana*）

1977
Aechmea
Rio Maraú Am.

熟悉这类青草小岛的马诺埃尔出马了。他驾起独木舟，用船桨荡开波浪，一直来到那棵树跟前。那株兰花就在触手可及的距离里，他用桨叶将其挑开了。这是一株美丽的大果瓢唇兰，花一到手，我就迫不及待地想要开始作画了。

回到亚马孙河主流之后，我们进入了瓦图芒河[11]，经过乌鲁卡拉[12]去往圣塞巴斯蒂昂[13]，途中经过了雅塔普河[14]汇入瓦图芒河的河口，这是一段非常有趣而又无人居住的地段。船长告诉我，许多住在这里的印第安人悲惨地死去了，部落里的幸存者最终离开了这个地区，前往阿莱格里角。

在圣塞巴斯蒂昂，一位卡布克罗人上了我们的船，我们聊起了海牛和乌龟相关的话题。他告诉我，在河流的岔流上海牛的确存在过，但现在已经很罕见了。这是一种没有防御能力的哺乳动物，每两年才能怀胎一次，每次怀胎只产一崽。海牛幼崽全靠母乳生活，因此只要母海牛被捕捉，小海牛也活不了。这位卡布克罗人说，这些动物的哭声凄惨可怜。这让人不禁想起美人鱼的传说：据说母海

◁ 宽敞甚至可以说豪华的“雅拉瓜号”汽船

牛由女子化身而成，长期以来保护幼崽，免遭猎人屠戮。这位知情者继续说道，由于过度捕猎，现在它们已经濒临灭绝了，而它们的肉在市场上自由出售。使用鱼叉和刀的捕猎残酷至极。那位卡布克罗人指着一个坐在岸边一条船上的人，说他捕猎海牛和乌龟，捕乌龟时用一条带有钩子的绳子。很显然，他的主要狩猎地点是从乌鲁布河[15]河口过去一小时水路的地方，那是个迷人的海湾，生长着大片溪边芋。我指出，捕猎这些动物都是非法的，但他告诉我，督察员从来没有出现过，大家也不在乎。他说，在圣塞巴斯蒂昂沿岸，渔民捕捉了大约两百只乌龟，而在他的管辖范围内，是不允许人们用绳钓捕猎这些动物的。

我们经过了许多美丽的河口，放眼望去都是极有可能采集植物的地区。但采集之前我们必须先回玛瑙斯，整理好植物和装备，才能考虑下一步的计划。在经历过两周的探险与灾祸之后，返回的行程十分顺利，水道相当平静。

过了不到六个月，我又回到了玛瑙斯，准备带一些英格兰的朋友参观亚马孙流域的一些地方。他们中包括威斯敏斯特公爵夫人萨莉（Sally，Duchess of Westminster）和她的同伴，杰出的纺织设计师和装饰设计师迈克尔·塞尔（Michael Szell），以及著名建筑师戴维·维克里（David Vickery）。他们来到巴西体验穿越亚马孙河流域的旅程，领略沿途风光，而迈克尔想要从热带植物中寻求灵感，并为他的植物收藏寻找兰花。

第二天拂晓，我到玛瑙斯港接收农业部（Ministry of Agriculture）租借给我们这队人的高档汽船“雅拉瓜号”（Jaragua）。这条汽船很宽敞，而且按照我的简朴的标准，可以算得上豪华——因为我在旅行的时候总是“一切从简”。不但如此，为了我们的舒适和便利，他们还非常贴心地配备了各种物品，甚至还有四张看上去十分舒适诱人的吊床悬挂在甲板上。船舱里设有铺位，虽说在亚马孙我总是更愿意在甲板上睡吊床，这样不仅可以呼吸丛林的香气与河上纯净的空气，还可以聆听夜鸟哀伤的曲调和森林传来的声响。在黑暗的时刻，森林总是变得更加神秘。

农业部为“雅拉瓜号”配备了全体水手；有厨师准备餐食，对我来说这真是一个令人高兴的改变，而且完全不用担心购买燃料的问题，也不必时时刻刻从船舱里往外舀水。我自己雇用了一位名叫保罗（Paulo）的向导。虽然有这样一个名字，但无论从外貌或者性格上来看，他都是一个地地道道的印第安人。他享有“森林达人”的声誉，而且事实证明他的确如此，仅凭他手中沉重的割灌刀，无论一棵树有多高多难爬，对他来说都完全不在话下。

下午，离开了喧闹的玛瑙斯港之后，我们沿着宽阔的内格罗河向上游前行，向乌尼尼河[16]方向驶去。乌尼尼河是伟大的内格罗河的一条支流。走了三个小时的水路之后，我们先来到了塔鲁马河[17]的河口处，十九世纪理查德·斯普鲁斯周游亚马孙流域时这里曾是风景区之一。他目睹了高耸入云的参天巨树，清澈的河水流过层层叠叠的岩石，如瀑布般倾泻而下，并在一八八二年出版的《植物学家亚马孙漫游记》（*Notes of a Botanist on the Amazon*）中为它们写下了科学的描述。而今我们放眼望去，只见周围大片林地已经被毫无意义地摧毁了。斯普鲁斯笔下的那些巨树本来可以活上几个世纪，但现在已经消失了，剩下的几乎只有平淡无奇的场景。我的同伴们第一次来到亚马孙流域，兴冲冲地想要领略它的瑰丽风光，但看到的却是这样满目疮痍的场景，实在令人悲哀。

尽管如此，隔天一早我们就全都起身了，热切地准备前往乌尼尼河。太阳升起的时候，河面上的薄雾渐渐散去。我们便继续向上

▷ 乌尼尼河畔的
洪泛森林边缘

游前进。空气新鲜凉爽，非常适合划船沿着河湾与溪流上行，寻找我们期盼见到的神奇景象。我们的确没有失望，因为我们看到，在阳光照耀的小片土地上，栖息着一只大型巨嘴鸟，它有着红黑两色的羽毛以及乳白色的脖子和嘴巴。它受到了惊吓，急忙召唤来自己的伴侣，它们双双坐到一起严阵以待，严厉地谴责我们这伙闯入它们领地的不速之客。

次日下午，我们经过内格罗河南岸的旧艾朗[18]，它曾经是一个定居点，但现在这座古镇仅存的遗址是三座已经成为废墟的十八世纪建筑物。就在我们经过它时，一位水手告诉我，十一月，当水位低的时候，海牛会在浅滩上交配，那时就会遭到捕猎。那些毫无人性的猎人不加选择地屠杀成熟的海牛和幼崽。一旦这种哺乳动物在亚马孙流域灭绝，就会造成严重的后果，因为它们依赖水生植物为生，因此能让河流保持干净与清澈。令人高兴的是，巴西亚马孙国家研究院正在研究几只这种动物，旨在保存这一物种。经过旧艾朗半个小时之后，我们来到了乌尼尼河河口。

第二天，为了应对乌尼尼河的湍急河流，我们一大早就去拜访了素有“激流守护者”之称的雷蒙多（Raimundo），请他为我们领航，跨越这块延绵数公里的水下巨型岩石。

我们在一座黑压压的森林边上靠岸，那里有许多高耸入云的大树，如同哥特式建筑的柱子般一排排颇有艺术感地耸立着。藤本植物沉重的藤条在其中一棵大树的树枝上悬挂着，看上去如同一捆捆绳子。在那之间有一条大约两米长的蛇悬挂在树冠上，在弯曲藤条的背景下，我们几乎看不到它银绿色的身躯。在蛇的上空盘旋着两只鹦鹉，它们发出愤怒的叫声，显然正在保护自己的幼鸟免遭荼毒。一只啄木鸟正在大声啄着枯木寻找昆虫，对发生在自己身边的这场鸟蛇大战显然毫无兴趣。我们想把一株兰花从一棵倒下了的树上挪开，而愤怒的黄蜂出现了，我们只好悻悻离开。

到了旅程的第六天，我们依然在乌尼尼河上，在森林和温暖的水域中度过愉快的时光。经过了阿纳马里河[19]河口之后，我们知道已经距离帕帕加尤河[20]不远了。询问了一条独木舟上的一些农民之后，我们终于来到了这条伊加拉佩的入口。这条小河融入了一片辽阔的湖泊，尽管设法渡过了那里的一些沼泽地带，我们却几乎找不到能够站在上面采集植物的实地。我们挣扎着通过了这片沼泽丛生的灌木丛，意外地发现了一头树懒，甚至几乎摸到了它。它抱着一棵小树的根部，睡得正香。保罗试图帮忙，他抱起树懒，把这头挣扎着的动物带了过来，以便我们在更近的距离为它拍照；但这个可怜的动物掉进了水里。保罗把它从泥沼中捞了起来，想把它放到一棵树上，但这个惊疑不定的家伙一屁股坐进了溪流里，缠在一截树枝上。它小小的脑袋垂了下来，脸上浮现着悲伤的微笑。我拍了拍

▷ 长穗尖萼凤梨
（紫凤光萼荷）
（*Aechmea tillandsioides*）

Margaret Mee
1976
Aechmea tillandsioides (Mart ex S.
Amazonas, Rio Negro

它布满菌类和昆虫的毛茸茸的灰色皮毛，让它继续做美梦去了。

天黑之前，“雅拉瓜号”的水手们判断我们已经无法继续驾船在伊加拉佩溯流而上了，因为我们的船太大了。他们把船停在一个河沟里。保罗驾着独木舟，把我们送进一个区域，在那里我们发现了一些小兰花和一大片凤梨科植物，主要是火炬尖萼凤梨（*Aechmea setigera*）和托坎尖萼凤梨。这两个物种都浑身带刺，无法采集。根据过去的资料记载，我们认为帕帕加尤河的植物应该极为丰富，但情况并非如此。各种各样的鹦鹉的确非常多，一到黎明时分，引吭高歌的巨嘴鸟、黄腰酋长鹂和其他鸟类都纷纷加入了鹦鹉家族的大合唱。夜里也并不比白天安静，因为青蛙一到天黑就开始管弦乐演奏，一直闹腾到天亮。

我们驶过帕帕加尤河河口时，玫瑰粉色的亚马孙淡水豚正在宽阔的乌尼尼河河面上嬉戏。它们时而跃出水面，时而潜到水下，大型的雄豚向空中喷出水柱，充满了生活乐趣。

◁ 喧闹、繁忙、污染严重的玛瑙斯港

眼看着这一幕，萨莉和迈克尔兴奋雀跃地跃入河中游泳，而我却有些犹豫，因为我不久前曾坐着一只小独木舟被一只粉红色的亚马孙淡水豚一路追逐进了洪泛森林。当时划船的是一个男孩，他惊恐地告诉我，如果有人非法入侵了哪只亚马孙淡水豚占据的水域，它就会以或嬉戏或愤怒的方式弄翻他的独木舟。

驾着独木舟，我们从这片阳光照耀的区域进入到一个怪诞而又死寂的世界，那里的森林正在分崩离析。残存的树木光秃秃地直立着，早已枯竭。有些地方是黑色的，因为树枝被火烧焦了，而没被烧焦的白色的细长树枝也已经腐朽了。许多兰花还缠在摇摇欲坠的树枝上，包括开着花的瓢唇兰和盔蕊兰属植物，但要接近比较高的兰花有风险，所以保罗用长钩子戳开死去了的树枝，松开了兰花的根。不止一次，掉下来的不但有植物，还有内部满是粉末的大树枝，差点打中我们和独木舟。

据当地人说，这座森林被水浸泡了整整两年，而不是通常的每年六个月，于是他们不再养牛了，因为无处放牧。无数年来，低地水淹处的树木已经适应了一种气候模式，一旦条件变化，它们就腐烂了。这里的人们把这次灾难归罪于“地球上的一个洞”（*fura da terra*），我们理解为修水坝时的土木工程。在这次旅途中，我目睹了许多这样腐烂的森林，从而得出结论，焚烧森林不仅会造成广泛的破坏，还会对河流系统造成干扰。

回程的路上，我们花了些时间躲避时常来袭的暴雨，停下来在森林里搜寻植物，或者在黑水里游泳，那时经常会碰到灰色的大水虎鱼。就这样，在抵达嘈杂、拥挤和污染严重的玛瑙斯之前，我们过了一段轻松愉快的日子。

与旅行同伴的分别不免让人感到失落，往后又只剩下工作与我为伴了。我很快就发现，应该利用自己身处亚马孙流域这一优势，便做出了前往乌鲁卡拉的计划，因为在那里我有一些朋友，他们邀请我前往。在去往亚马孙河下游地区时我曾路过乌鲁卡拉，但从未在那里采集过植物。这将会是沿着亚马孙河和锡尔维斯岔流[21]的一段为期两天的旅程。

我们共同的朋友雷纳尔多（Reinaldo）也受到了邀请，于是我们一起穿过拥挤的人群，走向河边的港口，在"帕林廷斯市号"（Cidade do Parintins）汽船上预订了船票。这条航线每周有两到三个航次，它将在下午晚些时候启航，但我们提早一个小时到了，并且立即在船上搭起了吊床，因为很快汽船上的旅客和货物会越来越多。

我们在倾盆大雨中抵达了乌鲁卡拉，当时已经是正午了，大雨让我们无法看清整个村庄，而东道主等着我们，还准备了雨伞。

往后的几天里，天气有所好转。我们乘坐装有舷外发动机的铝制独木舟，进入了令人心醉神迷的地区。在一片河滩沙地上岸后，我们沿着猎人的小径穿过森林，看到了几株引人注目的凤梨科植物，它们长着绯红色的花蕊，似乎是黑色大蝎子据守的堡垒。

河滩上酷热至极，但我们随时都可以躲进洪泛森林的阴凉地里乘凉。我们的东道主在那里驾驶着独木舟，穿过树木缠绕生长的蜿蜒河道。蜂鸟在挂满了花蜜的蜜瓶花属植物（*Norantea*）上空飞翔。这是一种寄生灌木，类似欧洲槲寄生（*European mistletoe*），但花朵的颜色更为鲜艳，是橘黄色和黄色的，与它们蓝色和樱红色的果实形成鲜明的对比。

我在洪泛森林的沙质河岸上散步的时候，在浅滩的树根之间看到了一条电鳗。在河床的棕色背景下，几乎很难分辨出这样一条鱼。这条电鳗几乎静止不动，只是尾鳍偶尔轻微地晃动几下，却用它敏锐的小眼睛观察着我。这种鳗鱼看似无害，但它能产生六百伏的电击，在水里足以让人致命。

△ 密花盔蕊兰
（*Galeandra dives*）

去年，在离开玛瑙斯之前，我曾安排人为我的独木舟重新上漆，覆盖船篷并做其他小修缮。在内心深处我总有些疑虑，回来后证明我的担心是有道理的，因为自那以后我再也没有见过那只小船。丢失了这条船，对我和我的工作来说都是沉重的打击，因为对水上旅行来说，交通永远都是主要问题。有一条自己的船意味着行动自由，而且能够让我更安静地采集植物和作画。

我询问了可能知道这条船情况的每个人。根据各方面的情况推测，它可能在一次暴风雨中沉没了。一个月后，有人在港口近距离见到过它，那位目击者根据木头上钻的孔确定那就是我的船。它们是我用来挂吊床的，因为我总是习惯在船上睡觉。后来又有人看到它在内格罗河上航行。尽管有这一切消息，我还是找不到它，但我仍然抱有一线希望，盼着能够发现它的下落，或者至少会在哪条河流上看到它。

对我来说，第四条船的丢失完全是一场灾难，和它一起丢失的还有我的全部旅行装备，这让当时的我完全失去了继续旅行的希望。

△ 红凤梨（又称作斑叶红凤梨、苞叶红凤梨）（*Ananas bracteatus*）

注释：

1 华金纳布科大道（Avenida Joaquim Nabuco），玛瑙斯市区一条南北向的街道。

2 格洛斯特郡（Gloucestershire），位于英格兰西南部。

3 安迪拉河（Rio Andirá），位于亚马孙州中部，亚马孙河以南，是茹鲁阿河（Rio Juruá）的其中一条支流。

4 齐默尔曼（Zimmerman，1892—1980），全名瓦尔特·马克思·齐默尔曼（Walter Max Zimmermann），德国植物学家。

5 巴雷里尼亚（Barreirinha），位于亚马孙州中部，亚马孙河以南，安迪拉河北岸。

6 土库曼杜芭（Tucumanduba），位于安迪拉河沿岸的一个小镇。

7 阿莱格里角（Ponta Alegre），位于土库曼杜芭小镇以南，是安迪拉河沿岸最庞大的原始村落之一。

8 莫隆果图巴（Molongotuba），原始部落，位于安迪拉河沿岸，阿莱格里角以南。

9 西芒（Simão），原始部落，位于安迪拉河一带，莫隆果图巴以南。

10 萨普卡亚（Sapucaia），位于安迪拉河沿岸，阿莱格里角与莫隆果图巴之间。

11 瓦图芒河（Rio Uatumã），位于亚马孙州东部，是亚马孙河北部的一条支流，也是一条黑水河。

12 乌鲁卡拉（Urucará），亚马孙州东部的城镇，位于亚马孙河以北。

13 圣塞巴斯蒂昂（São Sebastião），位于亚马孙州东部，亚马孙河以北，乌鲁卡拉以西。

14 雅塔普河（Rio Jatapu），位于亚马孙州东部，亚马孙河以北，是瓦图芒河的主要支流。

15 乌鲁布河（Rio Urubu），位于亚马孙州，是亚马孙河的支流。这也是一条黑水河。

16 乌尼尼河（Rio Unini），位于亚马孙州，是内格罗河的支流。

17 塔鲁马河（Rio Tarumã），内格罗河的支流，靠近玛瑙斯。

18 旧艾朗（Old Airão），位于内格罗河南岸，靠近雅乌河（Rio Jaú）。新艾朗（Novo Airão）在其东方不远处。

19 阿纳马里河（Rio Anamari），位于内格罗河与亚马孙河之间，是乌尼尼河的一条支流。

20 帕帕加尤河（Rio Papagaio），位于内格罗河与亚马孙河之间，是乌尼尼河的一条很小的支流。

21 锡尔维斯岔流（Paraná do Silves），连接伊塔夸蒂亚拉（Itacoatiara）与乌鲁卡拉的一条小河道。

Margaret Mee
August 1978
Nymphea rudgeana G.E.
Urucará, Lower Amazon

第 10 章

探寻失落的蓝色木豆蔻属植物和消失的考西河

In search of the lost Blue Qualea and the extinct Rio Cauhy　1977 年

巴西亚马孙国家研究院在玛瑙斯的总部坐落在残存森林的林荫中，它的建筑位于一个相对安静的区域，距离玛瑙斯城镇有一定的距离。善良的研究院主任为我提供了一套公寓，好让我可以安安静静地规划前往大亚马孙河的行程。这次旅行的目的地是茹法里河[1]，我曾多次乘船驶过它的河口，一直盼望前往探索。

研究院所在地有各种动物频繁往来，我的工作经常被它们打断。有一次一群松鼠猴闯入了我的公寓，我给它们喂了些香蕉，而后它们便经常造访。在研究院逗留期间，我见到的鸟类和动物还包括无尾刺豚鼠、蜥蜴、巨嘴鸟、凤冠鸟，以及一只非常小的食蚁兽，它是一位员工喂养的。

△ 研究院员工喂养的一只小食蚁兽

◁ 拉奇睡莲（*Nymphaea rudgeana*）

几天后，那位研究院的朋友雷纳尔多在旧玛瑙斯—波尔图（Manaus-Porto Velho）公路上驱车一百三十千米，把我送到了拉日斯支流[2]。这条新路是场灾难，至少在我们经过的这一百三十千米中，森林遭到毁坏，继而造成侵蚀。许多道路的两旁，被腐蚀的土地正在蔓延。普雷图河[3]曾经必定是一条可爱的河流，但挖掘出来的土堆被倾倒进河里或者堆放在河边，于是，就像大多数伊加拉佩一样，它的河道被拦腰截断了。在过去，大地是按照自然规律泄流的，而现在，淤积的水形成了巨大的水塘，树木在其中腐烂、倒下。成千

△ 短苞喜林芋

（*Philodendron brevispathum*）

上万的树木就这样死去了。悲凉的场景就是活生生的见证。

最后我们来到了拉日斯小河沟，看到了更加肆无忌惮的破坏。显然，几个月前，令人叹为观止的植物还曾装饰着独特的岩石层，其中有一株开着白花的箬叶兰属植物（*Sobralia*），还有瓢唇兰属植物、苦苣苔科植物（*Gesneriad*）以及一株稀有的喜林芋属植物。但在筑路的过程中，人们放火焚烧了这一地区，邻近森林的很大一部分也被喷洒了脱叶剂。研究院试图把这里划入森林保护区，但雷纳尔多和我怀疑，如果我们目睹的破坏仍然能够以这样的规模肆无忌惮地进行，此后是否还有任何值得被保护的东西留下。

我在远离人为破坏的岩石间漫步，见到了一个令人叹为观止的

▽ 洪泛森林中，索里芒斯喜林芋（*Philodendron solimoesense*）的树干，在它上面有各种兰花以及地衣生长

拱形洞穴，里面有漂亮的小山洞，似乎是猎人过夜的地方。洞穴之外的原始森林里，阳光从茂密的林冠间洒下，照耀着一座小湖泊周围的沼泽植物。在不远之处，一条黑色的河流流淌过植物繁茂的卡廷加森林。此时，美唇兰（蓝色的兰花）和斯氏鞭叶兰正盛开着，散发着怡人的芬芳；可爱的攀缘植物短苞喜林芋（*Philodendron brevispathum*，异名为 *Philodendron arcuatum*）生有带着白色和粉红色斑点的佛焰苞和茎秆，上面覆盖着的东西看起来像森林动物的赤褐色皮毛。

我最终敲定了前往茹法里河的行程安排。亚马孙研究院把他们最小的那条汽船“皮喻号”（*Pium*）借给了我，上面有三名船员：驾驶员阿达尔托（Adalto），厨师保罗（Paulo）和植物采集员佩德罗（Pedro）。旅途中，我希望能前往阿纳维利亚纳斯群岛采集植物，当河水上涨时，那群小岛会被淹没长达数个月。

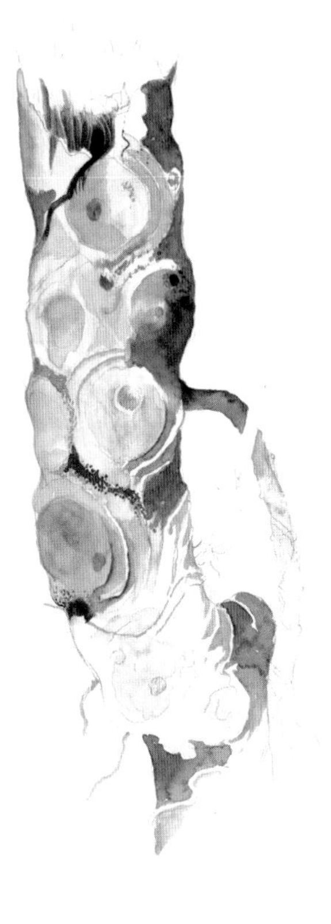

我们沿着我最爱的内格罗河继续前行，河流两岸经历了一场又一场的大火，已经几乎面目全非了。距离我上次到访才过了不到两年时间，而这次已经无法在岸上看到一棵大树了，也没有看到任何鸟类，残余的森林稀疏而贫瘠。如此迅速的破坏速度着实令人震惊。

我们在库也拉斯河[4]河口的一间棚屋旁停下船，我居然以极为合理的价格租到了一条独木舟。天色已晚，我们已无法继续赶路，便决定留下过夜。几名船员在用橙翅鹦哥钓鱼，无疑是想捉一条孔雀鲈鱼做晚餐。

第二天，佩德罗在阿纳维利亚纳斯群岛爬上一棵腐朽的树，采到了一株维氏百足柱，但上面没有开花。花季已经过去了几个月，我们花了好长时间寻找开放得晚的花朵，但未有收获。尽管如此，我还是在叶子上发现了几颗果实。我曾在一九六七年和一九七二年发现过维氏百足柱，现在它被称为维氏蛇鞭柱了，但那两次都是在

更靠近上游的地方。这是一种非常引人注目的仙人掌，一年有好几个月沉浸在水下，但叶子却不腐烂。

我们继续驶向茹法里河。野生动物变得越来越丰富，也越来越有趣了。飞舞着的鹦鹉，大黑野鸭，形单影只的翠鸟披着生动的羽毛掠过水面捉鱼；在我们路过时从树上飞起的显然是巨嘴鸟，它们的长嘴巴很容易分辨。薄暮时分，四周昏暗而沉静，无数欧夜鹰低低飞过河面。

我们驾船经过了饶阿佩里河[5]河口，一小时后又经过了库珀里岔流[6]。我看到一棵巨树的根系暴露了，而且正在变得干涸，只要河岸受到进一步侵蚀，根系就会落入水中。让人感到愉快的景象是，一群紫辉牛鹂（*anú*）飞得低低的，在植物丛中钻进钻出，它们靛蓝色的羽毛在阳光下闪闪发光。美丽的沼地番木棉结果了，巨大的绯红色果荚从树枝上垂了下来。经过了弗洛雷斯塔岔流[7]，之后紧接着的是加维昂岔流[8]，那里有一对鹳鸟舒展着庞大的翅膀从河上飞起，飞进了茂密的森林，那里似乎还是一片处女地。

茹法里河的河口看上去像是一座融进了内格罗河的巨大湖泊，那里非常宽阔，没有明显的边界，以至于我们花了很长时间寻找茹法里河，直到下午很晚意识到的时候，我们早已把它甩在了身后。

船行的时候，我兴奋得喘不过气来。眼前是一片原始景象，没有人居住，除了浩渺的水域和远方的洪泛森林之外别无其他。苍鹭和巨嘴鸟栖息在矮小的树上，河上的四只黑鸭飞进了洪泛森林，在此之前它们似乎没有察觉到我们的到来。在落日的余晖照耀下，整个洪泛森林变成了金色与绿色的海洋。一片精致的小型棕榈科植物沿着白色的沙质河滩生长着。

我们离开茹法里河进入了内格罗河，这时我做了些采集，或者说是佩德罗做的。他爬到了一些看上去高得不可思议的树上，为我

▷ 短苞喜林芋
（*Philodendron brevispathum*）

Margaret Mee
Philodendron arcuatum Krause ex descr.
Near Manaus, Am. Oct. 1977

采集了一些附生植物。我画了一棵生有扇子一样的不定根的树，从它身上可以清楚地看到，河水的最高水位每年都在急剧上升。我在一株被砍离了森林的树上发现了活着的洋葱叶文心兰。那棵树在河面上漂浮着，文心兰属植物也完全泡在水里，但它仍然开了花。

自从我上一次来到这个地区以来，这里遭到了广泛的破坏。那时我在森林里见到过的卷尾猴显然已经离开或者死去了。我唯一想要采集的，是一株有趣的天南星科植物，但黄蜂在它身上安了家。就在我企图采摘植物时，黄蜂一涌而出，我们只得落荒而逃。

我决定探索周围的森林，于是一路航行至只能坐独木舟才能进入的急流前。翻越了岩石之后的行程没什么收获，令人沮丧。我进入了一座森林，它的外围有着一排活着的树木，而紧接着的一幕让人触目惊心：这是一个死域。眼前看不到一点绿色。还未被榨干的树木摇摇欲坠，看上去奄奄一息，开裂了的树皮从树干上卷了起来。空气中弥漫着一种奇怪的化学气味。我们以前经过的森林里到处是新发的嫩苗和新鲜的绿叶，但在这里没有一点再生的迹象。我很肯定，有人在整个地区都喷洒了某种恶性的脱叶剂。

寻找考西河和木豆蔻属植物

返回玛瑙斯之后，我立即着手安排我和丽塔（一九五九年第一次旅行时的同伴）当年曾经计划的旅行，前往亚马孙河下游的考西河，我想在那里寻找一种树木，叫巨花木豆蔻（*Qualea ingens*），也叫作距花落囊花，希望它在那时开着花。一九六二年，我曾在马托格罗索州见到过开着绚丽的龙胆蓝色花朵的树冠，但当时我无法采集，因为我搭乘的卡车电池有问题，驾驶员不敢停车。我心心念念

△ 维氏蛇鞭柱（*Selenicereus wittii*）

▷ 书带木属植物（*Clusia sp.*）

Margaret Mee
November 1987
Clusia sp.
Alto Rio Negro, Am.

△ 黑尾鹳
（Maguarf，也写作 Maguari heron）

地想要画这种花朵，是因为受到了巴西著名植物学家阿道弗·杜克的报告的启发，其中说到，他曾于一九五五年在考西河的边缘发现了这种开着龙胆蓝色花朵的美丽树木。十一月是花季，我暗暗希望，或许能够亲眼看到它。

丽塔和我在玛瑙斯港口登上了开往乌鲁卡拉的“科罗内尔·塞尔吉奥号”（Coronel Sergio）轮船。抵达之后发现，我们住的客房与主屋是分开的，坐落在一片深色的老杧果树丛中，树上的果实吸引了数以百计吵吵嚷嚷的鹦鹉。花园里有一株大得如同小树般的仙人掌，开着星形的花朵。夜晚，空气中飘荡着它散发出的芳香。早

△ 文心兰属植物（*Oncidium*）

晨来临之刻，这些花朵合上了，再也没有开过，因为蝙蝠或者夜蛾已经在夜间为它们传过粉了。

一天上午，我们静静地沿着塔拉夸河[9]驾船上行，这时，我们眼前呈现出一幅蔚为壮观的鸟类图景，其中包括黄腰酋长鹂、亚马孙拟掠鸟、啸鹭（*socco*）、白鹭和精致的日鳽（sun bittern）。在洪泛森林里，炮弹树（*Cuia de Macaco*）和一种桑寄生科的寄生植物盛开的地方有许多蜂鸟，我看到它们中间有一只从嘴巴到尾巴都是金属蓝色的。

塔博里河[10]两岸的树上挂满了兰花，其中有一株鲜黄色的旋柱

△ 洪泛森林（*Igapó forest*）

兰（*Mormodes*）和侏儒瓢唇兰（*Catasetum gnomus*）。在那里，我们见到了一条道路连接着一个微型定居点卡斯塔尼亚尔（Castanhal）和一个更小些的定居点马拉亚（Marajá）。这条路穿越了我有生以来见过的最壮观的巨树森林，其中的许多树木必定在马齐乌斯[11]、斯普鲁斯和贝茨探索亚马孙森林时便已经存在。这条路显然是定居点的长官修建的，因为他在马拉亚有财产，而且据传它将有助于砍伐那里的九株巨型红杉树（Red Cedar）中的七株。这个物种在亚马孙流域已经接近灭绝了，所以每一株都能卖出惊人的天价。

在更靠近乌鲁卡拉的地方，繁茂的森林边缘有一座小湖，但它距离遭到破坏的地区太近，很可能难逃斧砍火焚之劫。那里现在生

△ 左：弯号旋柱兰（*Mormodes buccinator*）

右：侏儒瓢唇兰（*Catasetum gnomus*）

机勃勃，深深矗立在水中的布里蒂棕榈树上生长着藤蔓植物和附生植物。拉奇睡莲（*Nymphea rudgeana*）面朝太阳开着白花，大群蜻蜓在湖面上空掠过。

我们从乌鲁卡拉乘船到帕林廷斯[12]，并在那里登上了一条小型客轮，开始了我们的考西河之旅。起初，我们在亚马孙河上航行，前往法鲁湖[13]，所经之处风景如画——河流两岸的沙岸，远处森林覆盖的高原以及树木繁茂的平原。住宅消失了，原野上似乎无人居住。在一处白色河滨上，我们第一次停下来，那里的树木被风吹得奇形怪状，我们就在扭曲的树上采集植物。散发着甜香气息的德文郡盔蕊兰缠绕在哈拉棕榈树露出层层纤维的树干上，武装着可怕的荆棘的托坎尖萼凤梨一簇簇地生长在阔叶树上。经过森林时，每隔几千米就能看到开满黄色花朵的钟花树，而且我们在其中一个地方发现了高耸入云的小球合声木（*Symphonia globulifera*），这种藤黄科植物（*Guttiferae*）开着红花，覆盖了伸展的树冠。这里有许多鸟儿，且种类繁多。

我们徒劳地寻找着考西河。尼亚蒙达河[14]狭窄的河口出现了，它的周围是迷人的洪泛森林，其中有许多小岛，岛上的矮树几乎被枝杈上的附生植物所覆盖，这使得岛群看上去更加错综复杂了。有着绯红色叶子和花絮的凤梨科植物哈布纳尖萼凤梨（*Aechmea huebneri*）与一簇簇墨绿色的兰花类香蕉兰属植物（*Schomburgkia*）、长着大叶子的花烛属植物生长在一起，红色成为了它们的主色调。

森林中的景色逐渐变得昏暗不清，因为那里有许多加瓦里棕榈树和其他一些树干带着棱纹的树木，它们高耸着，如同哥特式圆柱一般；在它们之下，棉檀属植物肆意生长着，类似蕨类植物一样的叶子垂在河面上。

我们把船停靠在一个沙质河角上。我上岸时一不留神，几乎踩上了一只小欧夜鹰。它就在沙地上，坐在几片枯叶子中间。它斑驳的羽毛和嘴须与周围的环境完美融合，在这样的情况下，它几乎是无法被看到的。见到了如此可爱的生物之后，我们接着发现，这片河滩是不折不扣的野生动物的坟墓，这实在令人震惊。这里到处是鳄鱼的头盖骨、乌龟壳、水豚和其他大型动物的骨头，还有棕腹鸡鹃、凤冠鸟和其他鸡形目鸟类的黑色翅膀。河滩周围全是狩猎瞭望台，都是些用树枝建造的粗糙建筑物，离地面大约六英尺（约一点八米）高，还有些则建在低矮的树冠上。

我们沿河顺流而下，最后在一株倒下的树干旁停船，在它身上附生着兰花，包括一株瓢唇兰属植物。这是我第一次在这个地区见

▷ 哈布纳尖萼凤梨（*Aechmea huebneri*）

Aechmea huebneri Harms
Amazonas, Rio Nhamunda
December 1977
Margaret Mee

◁ 距花落囊花，巴塞卢斯，即“蓝色木豆蔻”（*Erisma calcaratum*, Barcelos, the 'Blue Qualea'）

到这种植物。我采集了一株极好的哈布纳尖萼凤梨，它看上去像是在一棵棕榈树上的珊瑚羽冠。然而，在一棵大树的枝杈上，我们看到了一株多花尖萼凤梨，它的出现，标志着我们这次旅程的高潮时刻的到来！一九七一年，我曾在乌鲁帕迪河附近发现过它，当时它被描述为一个新物种，此后再也没有人发现过它。我满怀激动地给它作画，一直到天黑了看不见为止。

这次旅行的最后几天被我们用于寻找蓝色的木豆蔻属植物。在多次探询了考西河的位置之后，我最后心怀渺茫的希望，询问了尼亚蒙达唯一一间商店的老板。这位老板是这座城镇的前镇长，他把我们介绍给了他的一位朋友佩德罗，后者提出陪伴我们一同前往考西河的发源地；但同时他补充说道，叫这个名字的河流已经不复存在了。我们坐船去了法鲁，我在那里租了一辆汽车。虽然它经常抛锚，但最终还是把我们送到了一个已经废弃不用了的飞机跑道上。从那里，我们沿着一条崎岖的道路步行前进，走向一个令人压抑的地区，那里曾经是考西河的河道。我想阿道弗·杜克一定会在他的坟墓里转过脸去，不忍卒视！除了零星的几棵巴卡巴酒果椰棕榈树（Bacaba palm）以外，其他一切植物都被摧毁了。河流已经消失了，而燃烧仍在这条河流的旧址上继续着。一片小小的沼泽标志着它曾经的河床，难怪没有人能记得它的存在。而且，当然了，那里没有木豆蔻属植物。

我们第二天便启程离开，先前往帕林廷斯，而后再去往玛瑙斯。大亚马孙河的水流较为湍急。我们经过了亚马孙河流上的一个贫民区，那里的景观和人口状况都令人压抑至极。这条河流的两岸曾经是繁茂的热带森林，长着参天大树，而现在遭到了如此侵蚀，以至于露出了白色的黏土基层。随处可见残存的森林，但剩下的只是些能为居民提供水果的果树，如巴西栗（Castanhas do Pará）和猴钵树属植物（*sapucaia*），即使这样，这些树木看上去也岌岌可危。

我们驾船离开这片令人伤心的场景时，经过了“雨林中的航道”（Furo），成对的黄色和橘色的金丝雀在航道两边的洞穴里筑巢。最华贵的鹰高傲地站在光秃秃的枯树枝上一动不动，就连我们喧闹的船只来到眼前时也依然波澜不惊不为所动。

我们在帕林廷斯坐上了一条前往乌鲁卡拉的旅客汽船。我记得曾经有一条法律禁止在河岸一百米内砍伐树木。如果确实是这样，而且人们遵守这条法律，这将能拯救多少亚马孙流域的森林啊！又有多少河岸可以避免被侵蚀啊！

事实并非如此。我们离开乌鲁卡拉前往伊塔夸蒂亚拉[15]，一路上大面积的毁坏从未间断。我们到底该怎么办？目光所及之处的河岸在崩塌，岸上的植物几乎只有草，偶尔能看见些可怜的豆类植物。那些生长在不稳定的土块上的草最终落进河里漂走，形成极小的草岛，成为了航运的威胁。有些河岸上有人工种植的瓜类，但没有采取任何保住它们的措施。但尽管如此，含羞草还在努力生存着。它们长着淡紫色的花朵和深颜色的叶子，能够在水下顺利生长，甚至爬上岸来。这也许是改造河岸的其中一种方式？

△ 德文郡盔蕊兰
（*Galeandra devoniana*）

注释：

1 茹法里河（Rio Jufari），巴西西北部亚马孙州与巴西北部罗赖马周边界的一部分。

2 拉日斯支流（Igarapé das Lajés），位于亚马孙州玛瑙斯以北，靠近菲格雷多总统镇（Presidente Figueiredo）。

3 普雷图河（Rio Preto），位于玛瑙斯的一条小河。

4 库也拉斯河（Rio Cuieiras），内格罗河的一条支流，位于亚马孙州。

5 饶阿佩里河（Rio Jauaperi），内格罗河的支流，位于玛瑙斯西北方向。

6 库珀里岔流（Paraná de Cuperi），位于布朗库河（Rio Branco）与饶阿佩里河之间，或为饶阿佩里河的一条分流。

7 弗洛雷斯塔岔流（Paraná de Floresta），内格罗河的一条分流，靠近饶阿佩里河。

8 加维昂岔流（Paraná do Gavião），内格罗河的一条分流，靠近饶阿佩里河。

9 塔拉夸河（Rio Taraquá），乌鲁卡拉附近的一条小河。

10 塔博里河（Rio Tabori），乌鲁卡拉附近的一条小河。

11 马齐乌斯（Martius，1794—1868），全名卡尔·弗里德里希·菲利普·冯·马齐乌斯（Carl Friedrich Philipp von Martius），德国植物学家、探险家。

12 帕林廷斯（Parintins），亚马孙州的直辖市。

13 法鲁湖（Lago de Faro），位于亚马孙州尼亚蒙达河与帕拉卡图河（Rio Paracatu）汇集处。

14 尼亚蒙达河（Rio Nhamundá），位于亚马孙州与帕拉州交界处。

15 伊塔夸蒂亚拉（Itacoatiara），亚马孙州东部的城市，靠近玛瑙斯，那里有一个重要的港口，承担着亚马孙河流域重要的运输任务。

Margaret Mee
Streptocalyx longifolia
Amazonas, Rio Negro
May, 1982

第 11 章

阿纳维利亚纳斯群岛上的桑寄生科植物

Loranthaceae in the Arquipélago das Anavilhanas 1982 年

自探寻蓝色木豆蔻属植物之后，又过了四年半的时间。我乘坐一架巴西空军的飞机前往玛瑙斯，旅途中，将壮丽的山峦和里约热内卢的海景抛在身后。

机身之下是一片沼泽地，橄榄绿色的梦幻世界显得忧郁而深沉。有些地方可以看到零星的树木，有些地方则是浓密的小树丛，而它们全都在水和沼泽地的包围之中。我低头看着厚重的森林，它们装点着帕拉州的这一部分。到处都是朦胧的曲线，勾勒出一条隐藏着的河道，毫无疑问，这庞大的水流如同一条银色的缎带，在高悬着绿色植物的神秘隧道内蜿蜒穿过。

我欣喜若狂地意识到，这个世界上还存在着许多森林未遭荼毒。哪怕玛瑙斯郊区的工厂正喷吐着浓烟，这样丑陋的景色也未能将我的热情之火完全扑灭。而随后的一次旅行让我见识到了方圆数英里内森林的摧毁和人为造成的沙漠，这才让我从美妙的幻想中幡然醒悟。

我的朋友吉尔贝托（Gilberto）借给我一座小房子，它位于可爱的内格罗河河岸上，对面是刚刚宣布成立的阿纳维利亚纳斯生物保护区[1]。而且他的船还可以供我使用，船夫保罗（Paulo）也听凭我差遣。保罗在玛瑙斯迎接我和我的旅行伙伴休·洛兰（Sue Loram），

◁ 长叶扭萼凤梨（*Streptocalyx longifolius*）

休是巴西亚马孙国家研究院的工作人员。

对于一个多年来了解并热爱内格罗河及其壮丽森林的人来说，在这条河上航行的最初几个小时是一种折磨。这样的变化给人带来的是视觉上的震撼，一切树木，无论大小，全都荡然无存，成为了邻近的种植园主向令人毛骨悚然的魔鬼“*Jurupari*”（葡萄牙语，意指松鼠猴）献祭的牺牲，它就是那座木炭制造厂，它将灿烂的亚马孙森林变成了燃料。然而，那些摧毁了原始林地的人们开始意识到，麻烦事就像正在竭力破坏土壤与毒害牲畜的毒草一样层出不穷。

经过五个小时的航行，我们来到了阿纳维利亚纳斯群岛。众多被森林覆盖的小岛如同迷宫，岛上生长着壮观的树木和植物。庞大的喜林芋属植物覆盖着古树的顶端，它们的气根如同帘子；在天空

▽ 长着索里芒斯喜林芋（*Philodendron solimoesense*）的内格罗河河段

△ 精致的日鳽

的背景下，凤梨科植物的藤蔓悬挂在树枝上，旁边是昙花属植物（*Phyllocacti*）的绯红色叶子。

日光开始逐渐消失，成群的鹦鹉穿过天空，向它们在高大树上的栖息处飞去，夜鹰静静地掠过水面，享受大群昆虫的晚餐。这时，我们躺卧在小船的篷顶上，看着太阳在森林之后落下，把整个地平线染成一片金黄色。在夕阳落下后的很长一段时间里，炽热的余烬还挂在夜空的云朵中。内格罗河上的落日之美无与伦比。

到达目的地时天已经黑了，我们赤脚上岸，跌跌撞撞地沿着一道青草覆盖的斜坡向我们居住的房子走去。白天的经历让我们早已精疲力尽，我们东倒西歪地上了吊床沉沉睡去。

◁ 环饰鹦花寄生
（*Psittacanthus cinctus*）

破晓时分，一层淡淡的迷雾笼罩着河面，为阿纳维利亚纳斯的森林披上了薄纱。我们急急忙忙地走了出来，探索小房子周围的环境。那里有个阿黛棕榈、布里蒂棕榈、腰果和大花可可树的果园。一条伊加拉佩围绕着上游的土地；由板状盘根支撑着，一片高大的树木散布在它的沿岸，高处遥不可及的树枝上悬挂着许多发冠拟掠鸟的窝。这些鸟儿在这里建造了看起来像钱包一样的鸟巢，下方还有个黄蜂白色的大蜂巢。这样的鸟巢至少有八个，在微风中摇晃着。

我很快发现，布里蒂棕榈树为好多鹦鹉提供了藏身之所，它们在暮色中来到树上栖息。它们一边落在棕榈树上，一边发出震耳欲聋的吵闹声，为争抢最佳栖息处争执不休，声音越来越响，而后便又是一片静寂。黎明时分它们会再次离开，成群结队地飞越河流，飞向群岛。在所有的鸟类中，最美丽的或许要数精致的日鳽，黎明与黄昏时分它们会在河岸上捕鱼，仅有时常拜访当地花朵的蜂鸟能够与之媲美。

第二天我们急切地等待保罗，他将带着我们前往阿纳维利亚纳斯生物保护区。我们到达时接受了警卫的询问，当他们确认休是巴西亚马孙国家研究院的员工而我是植物艺术家之后，我们才得到许可进入，他们甚至还邀请我们留下来。

其中一名警卫雷蒙多（Raimundo）用独木舟带着休和我探索群岛。我勉强有了点时间，便在那里急急忙忙地画了些速写。保护区外围的一片区域“属于”一位卡布克罗人，他就住在溪流边的一间小棚屋里。他允许我们在那里采集植物，并提出用独木舟带着我们，穿过盘绕着树丛的“栗子隧道”（Furo de Castanha）。这是一套复杂的水上迷宫，由许多分开的水道组成。

▽ 内格罗河

在一片老树中，许多树干已被白蚁掏空，到处是穿孔。一只巨嘴鸟从其中一棵的树洞中探出脑袋，好奇地看着，想知道是谁侵入了它的领地。它不喜欢在人群中露面，于是快速展翅扬长而去，展现着璀璨绚丽的羽毛。雷蒙多确信这只巨嘴鸟在那棵树的树洞里筑了窝，而那些卡布克罗人以后肯定会来掏鸟窝，然后把幼鸟拿到市场上出售。他说，不幸的是，他也没有办法阻止这种事情发生，因为这些雨林中的航道超出了保护区的范围。

在内格罗河上的村庄里居住的日子，我每天都能听到炸药在附近爆炸的声音，仅有一天除外。爆炸声后就是一片死寂，没有任何鸟类发出鸣叫声，一切都因为畏怯而噤声，仿佛大自然的心脏停止了跳动。而后，或许会有一只全无生息的小短吻鳄在洪泛森林的静水中仰面朝天地漂浮过去，它只不过是爆炸的受害者之一。

有一天我起得很早，因为被鹦鹉和巨嘴鸟的叫声吵醒了。而后，我花了一上午画画，画的是一株绝好的桑寄生科植物。在洪泛森林的灌木丛和树木中，这是大量生长的真正的寄生植物之一。它的花朵是鲜艳明亮的黄色和橘色的，吸引了许多蜂鸟，而且花朵在蓝色和樱红色的果实成熟时仍然盛开着。在用过了食人鱼（是保罗当天上午捉来的）午餐之后，休和我划船进入了吉尔贝托房子旁的洪泛森林。我试图在那里采集一株学名为长叶扭萼凤梨的凤梨科植物，但我的采集刀只不过极轻地碰了它一下，好几群狂暴的蚂蚁便蜂拥而出。由于它的花还非常新鲜，我决定等到第二天再来。当我在考虑的时候，树上一只俊俏的啄木鸟也在观察着我。它身上带着黑色与白色的条纹，长着大大的红色羽冠。同样观察着我的还有两只全黑的巨嘴鸟。

一九七七年，阿纳维利亚纳斯群岛还不是生物保护区，我曾在那里发现过维氏百足柱，这是它当时的学名，而后改成了维氏蛇鞭

▷ 环饰鹦花寄生
（*Psittacanthus cinctus*）

Margaret Mee
Lorantaceae
Rio Negro, Amazonas
May, 1982

◁ 维氏蛇鞭柱
（*Selenicereus wittii*）

柱。我曾为它结着果实的植株作画，并下定决心要在之后的旅行中找到当时没能见着的花朵。按照逻辑推断，我确信保护区边界的洪泛森林是最可能找到百足柱属植物的地方。当我坐着为最近采集的植物作画的时候，休划着独木舟进入了附近的伊加拉佩。她突然异常激动地过来告诉我，她发现了这种植物的叶子。我立即丢下手上的工作，和她一起划船前往百足柱属植物生长的地点。就在我们触手可及的地方，有一串紧贴树干生长的绯红色长叶子，还有两个大花苞。花茎非常长，大约有十二英寸（约三十厘米），绿色的萼片中略带着红色，而花瓣是白色的，并不是我原来认为的红色。这株植物长在树的枝杈上，上面还有一株红色纹理的喜林芋属植物，这

是一个非常有辨识度的地标。

发现这株百足柱属植物之后，我们每天都去探访那片洪泛森林，看着它的花朵，等着它们开放。

在附近森林的边缘有一个奇特的区域，那里有许多干涸的树壳，上面有因为蚂蚁啃噬和风雨侵袭而出现的洞。这些树壳和长着茂盛的叶子的幼树混杂在一起，许多幼树正开着花。附生植物簇集在它们的树枝上，其中有长着深色大叶子的喜林芋属植物、多刺的凤梨科植物火炬尖萼凤梨（*Aechmea setigera*）和带有黑色尖刺、极具侵略性的托坎尖萼凤梨，此外还有大簇的香蕉兰属兰花，它们有着长长的穗状花序。

第二天，我们一早就出发了，划着独木舟直接去到了长着仙人掌的那棵树下。此时它的花正盛开着。我战战兢兢地犹豫了许久才决定将其采下，因为花朵已经绽放到了极致，却可能因为白日的炎热而闭合。由于开的是白花，我猜想它可能会在夜里被蛾子或者蝙蝠传授花粉。

我仔细检查了手里握着的这株珍贵的开花植物。十二英寸（约三十厘米）长的茎秆非常结实且肉质饱满，大花朵白丝绸似的花瓣中似乎隐藏着一道黄色的光芒，其雄蕊的排列方式相当复杂。

那天晚上，当我欣赏着壮丽的日落的时候，日鳽又来捉鱼了。它发出温和、哀伤的叫声，以惊人的速度捕捉小鱼。它是最精致最优雅的动物了。随着阳光渐逝，鹦鹉们归家了，回到了房子旁边布里蒂棕榈树上的鸟巢，还像平时那样喋喋不休地吵闹争论，一直到天黑了才消停下来。这是美好一天的完美收官。

△ 维氏蛇鞭柱（*Selenicereus wittii*），玛格丽特·米后来意识到它们只在夜里开花（见本书“后记”）

此后的几天天气极热，为了避暑，我们在长满了仙人掌的伊加拉佩沿岸寻找阴凉地段，后来又从那里转移到了湖里。在靠近水边的大树下寻找树荫乘凉的不仅是我们，因为我们刚到，就有一支五十只左右的栗色猴子队伍从一棵树跳到另一棵树上。这群猴子的尾巴长而有力，它们很快地从我们眼前跳过，发出了尖厉的呼啸。

当我们观察这些猴子的滑稽动作时，一只深色的黑鹭也在仔细地注视我们。这只鸟儿仪表堂堂，有着橙色的鸟喙，深绿色的羽毛中带着些白色斑点。另一位围观者是一只巨大的灰鹰，它藏在巨树的缝隙中，眼睛一眨也不眨，盯着我们这些奇怪的入侵者，因为我们用溅起水花的船桨和外来语言打破了湖泊的宁静。旋木雀静悄悄地在树木间飞来飞去，在寻找昆虫的时候，它们张开着尾巴，紧贴在树枝上。无数只小蝙蝠出现在树根下，但它们来得突然，去得也飞快。

那天晚上下起了倾盆大雨，内格罗河的水位以令人惊恐的速度上涨，再加上安第斯山脉[2]上融化的雪水流入亚马孙盆地，形势更加严峻了。在随后的两天中，河水飞快地爬上了河岸，许多灌木丛和小树木都被水淹没了。虽然完全不可能出外采集植物了，但我可以利用这段时间画素描和水彩，通过面对着河流的窗子能看到许多有趣的东西。

最后一天，我们决定在发现百足柱属仙人掌的那片洪泛森林里度过大部分时光，而一到达那片宁静的水域，我们就听到树丛中传来尖声大叫，接着就看见一群黑色的猴子在树枝之间跳来跳去。

这群黑猴子越过树梢蹦蹦跳跳地离开了，它们刚一离开，一只绿色的鬣鳞蜥就游泳穿过这座湖泊，发出哗啦哗啦的划水声。它尾巴特别长，呈蛇形移动，一开始时看上去活脱脱像条蛇。我们把独木舟系在水中一棵没有叶子的树上，那只鬣鳞蜥以不可思议的灵活劲儿爬上了那棵树，让我得以从近距离观察它。在它决定继续行程之前，我迅速地为这只可爱的爬行动物画下了素描，并在速写本上做了笔记。而后它游上了岸，消失在洪泛森林的林荫之中。它的身

▷ 维氏蛇鞭柱
（*Selenicereus wittii*）

Strophocactus
wittei
Anavilhanas, Amazonas
Margaret Mee
February, 1978

子是深绿色的，尾巴特别长，从深绿色慢慢过渡到锈棕色，身体上的斑纹和尾巴上的环形斑纹是深灰色的，逐渐过渡变成白色，耳朵上有着一层珍珠母色精细的薄膜。从头顶往下，整个脊椎处凸起的锯齿形是颜色更深的绿色。下颚处垂着一个优雅的褶皱。五趾的后足和精致的前足纤细修长而瘦骨嶙峋。

转眼就到了我们该返回玛瑙斯的时候。我们的船沿着绿色宁静的阿纳维利亚纳斯生物保护区漂荡了好几个小时。终于，夜色笼罩了我们，在满月的照耀下，前方的水路波光粼粼，我们沿着闪光的水路驶向远处灯火阑珊的玛瑙斯。

▷ 戴帽瓢唇兰（*Catasetum galeritum*）

▽ 一只鬣鳞蜥正在爬树，动作敏捷得难以想象

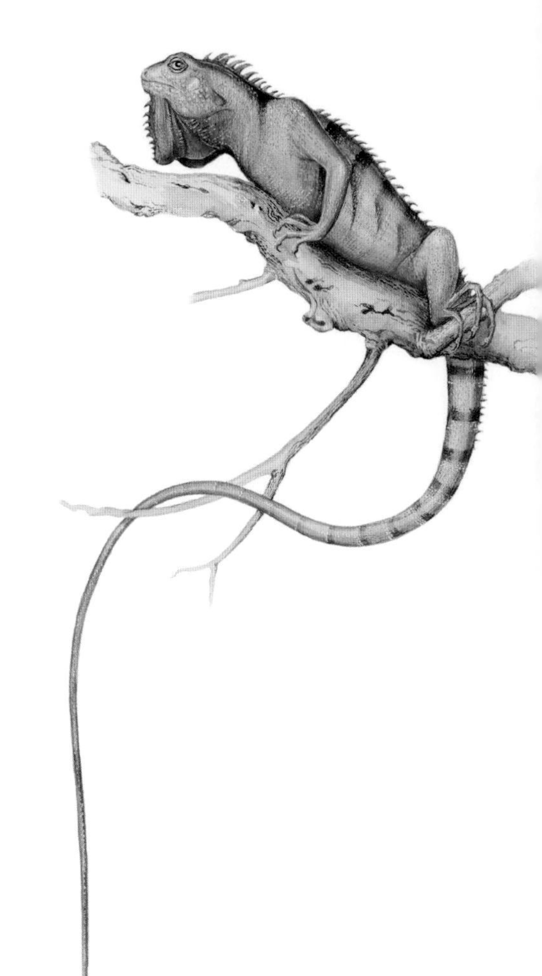

注释：

1 阿纳维利亚纳斯生物保护区（Biological Reserve of Anavilhanas），联合国教科文组织世界遗产，覆盖约 90 平方公里的原始森林、400 多个岛屿，以及众多的湖泊与河流。

2 安第斯山脉（Andes），位于南美洲西岸，是世界上最长的山脉。

Margaret Mee
August
Catasetum galeritum
Rchb. f. Amazonas

Zygosepalum labiosum
"L.C. Rich." Garay.
Para
Margaret Mee

第 12 章

特龙贝塔斯河周围消失的森林

Lost forests around Rio Trombetas 1984 年

从阿纳维利亚纳斯回来两年后，我在六月里接受里约热内卢联邦大学（Federal University of Rio de Janeiro）的邀请，留在他们位于特龙贝塔斯河[1]畔的奥里希米纳[2]的前哨基地工作。

我们飞越了被河流和峡谷隔断的一座座山脉，而当越来越靠近亚马孙河流域的时候，看着延绵数公里遭到破坏的大地，我们着实震惊不已。我过去从未见过如此被肆意破坏的森林和如此规模庞大的人为造成的沙漠。当云层遮住了这些阴郁的景象时，我竟心生感激。在舒适宜人的城镇圣塔伦[3]短暂停留之后，我们飞过了一片片热气腾腾的浓密森林，直到雄伟的特龙贝塔斯河遥遥在望，看到一些典型的风景仍然存在，我们才稍感宽慰。

奥里希米纳小镇上的前哨基地是不久前建立的，可以让医生和医学院学生能在当地医院里工作几个月，并探访周围的村庄。在这些外出考察中，我与他们一起研究了当地的植物群，以及在这一地区开展的大规模森林砍伐项目对其造成的影响。

我的所有旅程几乎走的全是水路。第一次旅程中，天刚破晓的时候，我在港口登上了“萨库里号”（Sacurí）。经过了距离奥里希米纳最近的雅托巴湖（Lago Jacupá）后，我们驾船继续航行了两小时，穿过了远处的森林，最后到达萨库里，一个遍布沼泽的村庄。医疗人员由这里上岸，在一个露天大谷仓里工作，而我跟着一位兽

◁ 大唇接萼兰
（*Zygosepalum labiosum*）

医和两位卫生检查员继续前往偏远地区。我们换乘了独木舟，以便更轻松地进入洪泛森林，而后我可以探寻植物，而其他人可以去往更边远的村庄。在一个阴凉的树丛中有一些稀有的兰花，大唇接萼兰（*Zygosepalum labiosum*），纤巧的白花在长满青苔的大片树木中闪闪发光，于是我迫不及待地采集了几株。

我们静悄悄地继续航行，从一只漂亮的绿、黑、灰三色鬣鳞蜥身边驶过，但它没有注意我们。这只鬣鳞蜥身长足有一米，姿态优雅地依偎在一棵树冠浓密的树的树叶上。它的附近还有三个伙伴，在树枝上懒洋洋地享受着斑驳的日光。它们被独木舟惊动了，其中一只掉进了水里，发出响亮的溅水声，另外两只则急急忙忙地在树叶间逃走了。

特隆贝塔斯地区的湖泊和水道中，我们有过许多次类似的旅行。

△ 我们看到了一片由庞大的树木残骸组成的黑色海洋

▷ 熊氏羽姬藤（*Memora schomburgkii*）

Memora schombergia "De Candolle"
Meirs
Oriximiná, Pará
Margaret Mee
June. 1984

于是，乘坐吉普车由陆路前往位于波康[4]的一个遥远的村子就成了一种另类体验。十九世纪的科学家曾经探索过这一地区的茂盛森林，我曾读过他们写下的那些热情洋溢的记录，但这次旅行让我感到痛彻心扉的失望。沿着奥里希米纳和奥比杜斯[5]之间的“道路”行进了几英里，眼前的一切让人触目惊心。这其实算不上什么道路，只是一条小径，其危险和侵蚀的程度简直无法想象，而眼前残存的风光只剩下一段令人痛心的灌木丛地带。而那片曾经的处女林，成为了一片由庞大的树木残骸组成的黑色海洋。大自然创造了几处成功的伞树属植物单品种栽培地，它们努力挣扎着，想要重建几乎垂死的丛林。尽管土地遭到大面积的毁坏，我还是从中发现了幸存者，是一株奇妙的木质藤本植物，熊氏羽姬藤（*Memora schomburgkii*）。我第一次看到这瞥灿烂的橙色，是驾驶员在那条极其糟糕的路上飞驰的时候，接着是第二次，这次我们停下车，采集到了这株鲜橙色的比格诺藤属植物，是一株凌霄花。一来到波康，我就不得不在一个旧笔记本上画下它的素描，因为它已经开始凋谢，而且我担心自己永远也不会再见到这个物种了。

人们为我安排了一次为期三天的旅行，沿着库米纳米林河[6]溯流而上。我们高速航行了一整夜，我躺在吊床上，看着船只前滑过的风景。当云朵中出现了一缕缕金色的条纹时，一轮上弦月依然悬挂在上方，预示着辉煌美妙的一天即将开始。而后，在森林树木的蔓藤花纹和加瓦里棕榈树的黑色条纹背后，一轮红色的太阳正冉冉升起。

我们坐着一条笨重的大船航行，沿岸采集植物几乎是不可能的，进入洪泛森林就更不用提了。我曾申请在大船后面拖带一条独木舟，这对我的工作是不可或缺的，但未能实现。因此我决定只要一有机会，就借一条独木舟自己去采集。当船长把船停靠在一个朋友家的

△ 左：南美堇兰
（*Ionopsis utricularioides*）

右：波皮格氏扭萼凤梨
（*Streptocalyx poeppigii*）

棚屋附近时，我的机会来了。白天余下的时间以及接下来一整个晚上，他都会留在棚屋里不出去。

住在棚屋里的那位卡布克罗人对我很友好，还用她的独木舟带我去最近的洪泛森林采集植物。她是一个开朗又健谈的女子，我从她口中得知，我们现在所在的河流是库米纳河[7]，而不是库米纳米林河，后者只能通过瀑布进入。我们划着船在近期曾被火烧过的树林和灌木丛中穿过，但这些植物的伤已经开始愈合了。我还发现了几株逃过了火灾的植物。

这里有许多兰花，其中有一株珍品，南美堇兰。它开着一大团纤弱的紫色花朵。

我们在第二天破晓时回到了奥里希米纳，接着去了圣塔伦。之后我回家待了两个月并处理了一些事务。但在这期间，我还是能够抽出许多时间为我在特龙贝塔斯河流域采集的植物作画。九月初，我又回到了奥里希米纳。

星期天到来的时候，我和医生、大学生们一起乘船前往凯普鲁湖[8]。我们享受着阳光，并且在清澈的黑水里游泳。我沿着河滩漫步，发现在森林边缘的树上生长着大量附生植物，便决定之后再返回到这里。于是第二天，一位年轻的牙医若昂和我从船夫迪朵（Dido）那里租了条船，再次来到湖边。

波皮格氏扭萼凤梨（*Streptocalyx poeppigii*）是一种凤梨科植物，它盛开的花朵如同燃烧的火焰。但它身上长着许多防御性的刺，很难将它从寄主炮弹树的身上剥离。我们继续深入，进入了老树林，落囊花属（*Erisma*）树木烟紫色的花朵是兰花的存身之所，树枝上生长着一株秀丽的盔蕊兰属植物，而具缘蕾丽兰（*Schomburgkia crispa*）金棕色的花朵组成的花环则围在巨大的树干上。

我这次到访奥里希米纳，主要目的是前往特隆贝塔斯保护区和巨大的埃雷普库鲁湖[9]，并希望能留在那里工作一段日子。我提前递交了申请，但拖延、官僚主义以及缺少交通工具等一系列情况让我饱受挫折。

在这段时间里，我受邀陪同来访的植物学家克劳斯·库比茨基（Klaus Kubitski）和他的助理莱斯·松金（Lais Sonkin）前往汇入法鲁湖的亚蒙达岔流[10]。我特别期待这次旅行，因为我曾在一九七七年到过法鲁湖和尼亚蒙达河。我们计划在开花的树上采集样本。牙医若昂也陪伴我们一同前往。

若想领略亚马孙流域的瑰丽风光，亚蒙达岔流并不是值得推荐

△ 具缘蕾丽兰（*Schomburgkia crispa*）

▷ 伞花号角藤（*Phryganocydia corymbosa*）

Margaret Mee
September, 1984
Phryganocydia corymbosa (Vent.) Bur.
Rio Yamunda, Pará

△ 巴塔塔湖正在变成一摊固体红土

的好地方，因为那里是一个以畜牧业为主的地区，风景不足为道。农民们的小棚屋散布在河流两岸，树木几乎只限于十几个物种，包括炮弹树和猴钵树，还有无花果树和加瓦里棕榈树（*Jauarí* palm）等。

尽管周围的植物资源十分贫乏，但我还是从一棵庞大的猴钵树上面采集了一些小花枝，它们直接生长在树干上。这棵树看上去十分壮观，身上开满了白色的花朵，还结满了如同炮弹般的果实。我还发现了一株可爱的白色伞花号角藤（*Phryganocydia corymbosa*），并在船上画下了它的素描，一直忙碌到深夜。这是一种花朵呈喇叭状的藤本植物。除了上述这两个物种以外，我在这个地区基本上没有其他发现，虽然这里过去曾以生产丰富的亚马孙植物与树木著称。

我们在没有道路的原野上漫步，在一大丛灌木中看到了书带木属植物的花朵，但灌木里盘踞着一条蛇，我们决定不去挑战它的领地权。

风景在我们来到岔流边缘时开始有所改善，树木越来越多了，沿岸植物的品种也增加了。两位植物学家活跃了起来，多次叫停船只，下船采集样品。最后我们到了法鲁，这是特龙贝塔斯河沿岸最古老的城镇之一，是个安静平和的居民点。

这是我在亚马孙流域和帕拉州到过的最迷人的城镇之一。我们在教堂附近发现了一个简单的咖啡馆，在那里好好地吃了一餐。因为天气晴朗温暖，我们一大早就出发直奔湖泊。很快我们就来到一个美丽的河岸，克劳斯尽情地采集着树上的花朵，交由莱斯压平。

我们时不时地停靠在岩质湖岸。我被这些植物迷住了：二十世纪六十年代，我曾在沃佩斯河发现并画下了一株沼泽植物，它属于泽蔺花属。它有一位近亲，是一种可爱的天南星科植物，名为箭叶尾苞芋（*Urospatha sagittifolia*）。这片沼泽地里就大量生长着这种植物。

在这些树木中，最壮观的是一株高大的藤黄科植物，学名为小球合声木，树冠之下的树干部分不生任何枝杈。为了寻求阳光，它的花朵成簇地生长在分散的树枝上，是鲜艳的绯红樱桃色。

我还记得，一九七七年我曾乘船沿尼亚蒙达河溯流而上，那时曾见过一两簇这种引人注目的树，与此同时，它们的遥不可及让我深感沮丧。恰好在这里有一棵树被砍倒在地上，我便采集了一些它稀有的花朵。

随着旅程的继续，新的惊喜不断出现，让我愿意在这座生长着大量植物的神奇湖泊边逗留几天。草木丛生的斜坡慢慢被生长在炫目的白色沙地上的卡廷加林木所取代，清澈的黑水形成了小小的内陆湖泊，湖底深处生长着大量观赏性的藻类，它们牢牢地依附在沙质湖床的嫩枝上。

回到奥里希米纳之后，我从那里乘坐汽船去往距离保护区最近的港口，而后港口管理局的汽船会把我放到埃雷普库鲁湖的木筏上。在矿业之城（Mineração）晨曦初露之刻，我有时间观察铝矾土公司对亚马孙森林的破坏。眼前的一切让我感到十分震惊，因为在奥里希米纳曾有人告诉我，他们已经采取了保护生态的诸多措施，并为遭到砍伐的森林地区重新植树。

巴塔塔湖[11]堆满了铝矾土的残渣，现已成为红棕色的淤泥湖，淹没了河边曾经最辉煌的原始森林。巨大的树木被连根拔除，包括许多在其他地区已经灭绝的物种。它如同一座死亡之海，沿着一道宽阔的山谷向下延伸了十公里。这种红色残渣一旦渗入大地中，它的有毒物质就会摧毁土壤中的腐殖质，让一切生命窒息而亡。

当潮水上涨，大面积渗入其他地区，那些死亡和褪色的树木矗立在那里，如同成千上万个死亡警告，预示着即将来临的命运。不仅是树木，与之息息相关的鸟类、动物和植物也都难以幸免。这是名副其实的“死亡之谷”。

几天之后，我穿过了一道用挂锁和铁链紧锁的大门，看到了记者不被允许探看与报道的一幕：巨大的巴塔塔湖正在变成一摊固体红土。由于这些红土的重量，这座湖泊和特龙贝塔斯河之间的天然屏障极有可能崩溃。

过去的巴塔塔湖生机盎然，鱼类、乌龟和水生鸟类群集，但致命的残渣杀死了湖里及其周围的所有生命，而且正在往更远的地方渗透，发黄的叶子和腐蚀的树枝就是最好的证据。

伊加拉佩的两岸曾有居民生活，有人钓鱼，有独木舟通行，过去河流遭到了污染，现在已经干涸。它是开采铝矾土矿产的又一位受害者。除非及时采取措施，否则下一个受害者可能是美丽的特龙贝塔斯河。

“尼亚蒙达珍珠号”（Perola da Nhamundá）上午八点靠岸，我

▷ 小球合声木
（*Symphonia globulifera*）

Margaret Mee
October 1985
Symphonia globulifera
Rio Yamundá, Pará

在保护区内的旅行到此结束，一位森林警卫划着独木舟把我送到了木筏上。木筏上生活着三个朝气蓬勃的年轻人，他们是警卫，有权盘问与搜查任何进入保护区的船只。他们亲切友善，对我多方体贴照顾，还用独木舟带我到湖上去，让我可以坐在那里几个小时画素描。独木舟有一台噪声巨大的舷外发动机，因此被命名为“树蛙号”（Perereca）。

遗憾的是，虽然我在保护区逗留与工作的许可文件终于到了，但其中包括了通常的条款，即不得移动任何植物，这就排除了科学绘画的可能性。我只能退而求其次，委曲求全地在一定的距离外作画，这只适合于表现它们的生长环境。

坐在独木舟里，头顶着火热的骄阳，这是一件艰难的工作，但我对此甘之如饴，一心渴望在得到的有限时间里，尽可能地完成更多的作品。

自十九世纪理查德·斯普鲁斯和其他探索科学家的时代以来，特隆贝塔斯保护区的森林几乎没有遭到破坏。巨大的埃雷普库鲁湖及其周围的自然世界仍旧生机蓬勃，湖里的乌龟及各种水生动物自由自在地繁衍生息。尽管已经到了九月，湖水的水位几乎没有下降，树木还深深地矗立在水中，保持着它们被气候塑造而成的奇怪形状，许多树上长满了开着花的凤梨科植物。

我坐在独木舟里，为一片悬挂在相思树属（*Acacia*）树上的黄腰酋长鹂鸟巢群落作画，这是个千载难逢的好机会。它们中间有一个白色的钟形黄蜂巢，这样的蜂巢经常可以在钱包形的住所附近发现。这些鸟儿高声训斥着我们，声音洪亮且声调丰富。它们的模仿能力极强。这时巨嘴鸟也加入了它们的呐喊，共同捍卫自己的领地免受外来者的入侵。它们的叫声实在太刺耳了，我们只好离开了现场。

随着阳光渐渐消失，黑色的鸭子从湖面上低飞而过，它们向上

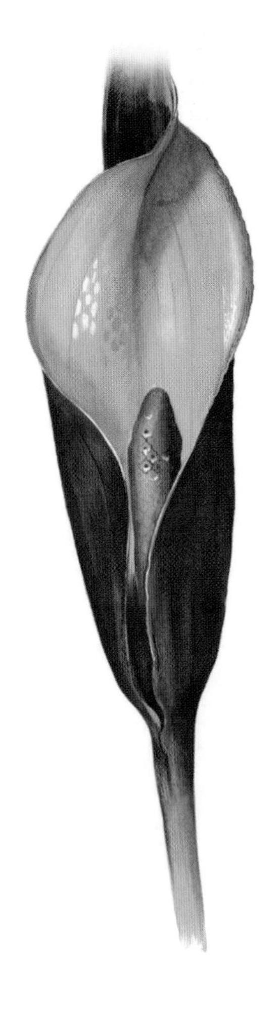

△ 箭叶尾苞芋
（*Urospatha sagittifolia*）

飞起时排成箭头形的队伍。人们告诉我，自从采取了措施将猎人从森林中逐走，在保护区内的美洲豹已经多了不少，且数量还在持续增加，吼猴和其他灵长目动物的数量也更多了，保护区内的生态环境正在恢复它过去的状态。

▷ 黄腰酋长鹂的巢

▷ 髯毛瓢唇兰
（*Catasetum appendiculatum*）

注释：

1 特龙贝塔斯河（Rio Trombetas），位于帕拉州，是亚马孙河的主要支流。

2 奥里希米纳（Oriximiná），位于帕拉州的城镇。

3 圣塔伦（Santarém），位于帕拉州，亚马孙河南岸，是亚马孙流域下游重要的商业中心。

4 波康（Poção），奥里希米纳以北的村庄。

5 奥比杜斯（Óbidos），位于帕拉州的城镇，地处圣塔伦和奥里希米纳之间。

6 库米纳米林河（Rio Cuminá-Mirim），特龙贝塔斯河的一条支流。

7 库米纳河（Rio Cuminá），特龙贝塔斯河的一条支流。

8 凯普鲁湖（Lago Caipuru），地处特龙贝塔斯河流经之处。

9 埃雷普库鲁湖（Lake Erepecuru），特龙贝塔斯河流经之处，位于其北部。

10 亚蒙达岔流（Paraná Yamundá），尼亚蒙达河的一条岔流。

11 巴塔塔湖（Lake Batata），位于帕拉州，特龙贝塔斯河流经之处。

Catasetum appendiculatum
Rio Negro, Amazonas
Margaret Mee
May, 1955

Margaret Mee
Strophocactus wittii
Rio Négro, Amazonas

第 13 章

内格罗河流域的月光花

The Moonflower on the Rio Negro 1988 年

我对月光花的探索还在继续。它过去的学名为维氏百足柱，而后改为了维氏蛇鞭柱。我在沿着内格罗河及其支流的旅途中先后三次采集到了这种植物，但从来没有得到开着花的植株。

我们依然在搜寻这种奇妙的仙人掌，其间休·洛兰和我在里约热内卢机场遇到了一位朋友。我们预定了里约格朗德航空[1]第一个前往玛瑙斯的航班。即使乘坐这样一架巨大的喷气式飞机，也至少需要四个小时才能最终踏入亚马孙的炎热中。自我上次造访以来，玛瑙斯的范围在五年里进一步扩大了，城郊地区已经无法辨认了，过去围绕在城市周围的美丽森林已经被清理一空，现在到处是房屋和工厂。

第一晚我们住在一家小旅馆里，位于靠近港口和商店的老城区。我们遇到了吉尔贝托·卡斯特罗（Gilberto Castro），他一直在玛瑙斯筹备他的船只，购买物资。我们计划沿着内格罗河溯流而上，去他的小房子那里住上几个星期，探寻周围的洪泛森林。

上午十点左右，我们正在慢慢地沿内格罗河溯流而上，驾驶船只的是吉尔贝托的船夫保罗。河水很平静，之后的两小时内我们一直保持航行在河流中间，从那里看到的河岸只是远处地平线上的一条线。当我们靠近右岸时，我见到森林已经消失了。大片土地遭到了农场主和木炭制造商的破坏，他们的棚屋经常出现，屋顶是丑陋

◁ 维氏蛇鞭柱
（*Selenicereus wittii*）

△ 玛格丽特·米正在为月光花做速写

的波纹状或者是用塑料瓦制成。

到了下午三点左右，狂风大作，天空也黑了下来。当我们接近阿纳维利亚纳斯群岛时，波涛涌动，大雨横扫河面。在那一整个小时里，我们在保持发动机运转的同时，不得不放下帆布雨篷。这个部分的河流有一定的危险性。

黄昏时分，风变小了，我们进入了阿纳维利亚纳斯岔流[2]。左岸是壮丽的森林，河流依此为界。喜林芋属植物悬挂在庞大的树木上，凤梨科植物缠在树枝上，兰花时不时出现，在绿色的背景前闪闪发光。

我们的船在黑暗中继续前行，月亮升起，在岔流上泛起点点斑纹。河右岸，卡布克罗人棚屋的灯光在闪烁，除此之外，只有我们孤零零的一叶扁舟。离开玛瑙斯十个小时之后，我们关闭了发动机。小船在寂静中滑行，驶向一座棚屋前的岸边，那里是我们在一九八二年住过的地方。得益于吉尔贝托的关照，这里基本没有什么变化，甚至长出了更多的树木。在清澈的天空下，鹦鹉栖息的布里蒂棕榈树看上去漆黑一片。我们站成一排，把物品传送到青草覆盖的岸上。保罗和玛丽亚离开这里回家去了，答应早上给我们送些鱼过来。

探寻

站在棚屋门口，可以看到宽阔的河道，河流两岸是连绵不绝的森林，再远些则是岔流和洪泛森林。河水现在已经没过长满青草的斜坡，接近洪水季的水位，但此后两个月它还将继续上涨两米。休准备了精致的早餐，她有这样的技艺，只好能者多劳了。水果、鸡蛋和新鲜的面包是从玛瑙斯带来的，鱼是保罗捕的。我们讨论着探寻百足柱属植物的计划时，不由自主地感到乐观而兴奋。

从里约热内卢出发的几周前，我们已经请保罗在出去打鱼的时候观察附近仙人掌的情况。逆流而上进入岔流三四英里后，我们进入了那片洪泛森林。青草形成的小岛横跨在静静的水面上，饱经风雨侵袭的灰色树干如同骸骨一样矗立着，河水没过了它们的树枝。

保罗给我指出了他的第一个发现，但那只是一株昙花属植物（*Phyllocactus*），因为它长着红色的叶子，保罗误将它认作是百足柱属。我十分失望，但保罗并没有因此而气馁，他驾着船直奔一棵结实的树下，在它的枝桠上挂着维氏百足柱的绯红色叶子，它们紧贴着树干，就像移栽在上面一样。可惜这株植物没有花苞，很可能是因为它位于洪泛森林的最外缘，一直暴露在日光的照射之下。

我们距离一九八二年发现这个物种的伊加拉佩不远了，但植被已经变得浓密，找不到它的踪影了。

于是我们转战另一处洪泛森林继续寻找。这一次动用的是那只大船，船上带着食物和一只独木舟，这样我们在外一整天也不会有问题了。在这座洪泛森林里，树的骨架矗立在广阔的河流中，在它们之后是一道小树和灌木丛组成的屏障，一半没入水中，保护着高高的树林。大树在深水下扎根，如同沉没了一半的庙宇的柱子。茂密的树冠低垂在水面上，连正午的阳光都被它们遮挡得不那么耀眼了。

我们坐着较小的独木舟进入洪泛森林。当我们强行穿过多刺而坚韧的灌木丛时，小船时时左右摇晃，而后我们静静地在树木间滑行。这时，一棵大树令我兴奋不已，它身上悬挂着一串仙人掌褪色的叶子，上面还有三个大花苞。它松松垮垮地挂在那里，恰好在水面上方，仅靠一株藤蔓植物支撑着。它一定是在某场暴风雨中掉落的，下一阵风就会将它吹入河里。所以我决定拿走它，把它栽种到离家不远的洪泛森林里，这样我便可以在那里观察它的生长了。在树的更高处，这株仙人掌还有另外几个花苞，与许多叶子混在一起，它们无疑会生出种子，在这座洪泛森林中发芽。

我们在大船的甲板上望向更远的地方，在这座洪泛森林的一处开放地带，一棵大树身上鲜艳的仙人掌叶子吸引了我们的目光。我迫切地想要接近这些植物，便踩着吉尔贝托的肩膀爬上了船顶，依次检查了每个花苞。天色渐暗，而且从这里回去还需要两个小时的水路，于是我决定先回去，第二天再来。隔天下午我们又回来了，我发现树上有许多附生植物，包括一株苦苣苔科植物，它遮住了仙

▷ 维氏蛇鞭柱
（*Selenicereus wittii*）

Selenecereus wittii
Rio Negro Amazonas
Margaret Mee
May, 1988

人掌的一部分。我在那里画着彩色速写，直到天色昏暗下来。很明显，这些花苞很快就要开了。我站在那里，周围是森林昏暗的轮廓，我如同中了魔法一般无法动弹。然后，第一片花瓣开始动了，接着是第二片，这朵花突然迸发出生命的火花。

花开得好快啊。我们一直看着它，借着一只手电筒昏暗的灯光，以及从森林的黑暗边缘升起的一轮满月所照射着的光芒。

开花的最初阶段，花朵中飘出一股奇异而又甜美的清香。一个小时后，它的大花朵完全盛开了，绽放得如此精致而又出乎意料，我们不由自主地为它的美丽所折服。

我一边为这朵花做速写，一边希望传粉者到来，专家认为会是蛾子或者蝙蝠。我们在那里蹲守了一整夜，最后我得出结论：我们的到来扰乱了这里数千万年来演变形成的平衡。但是，与我在亚马孙河流域看到的情况相比，这点扰乱是微不足道的，因为森林已经有了相当大的改变。我曾在内格罗河两岸画下的许多可爱的植物，现在已经消失了。我还记得自己的第一次旅行，当时我把船停在一棵铁木豆属树木旁，河岸的大树上开满白花，发出了浓郁的芳香。我当时是何等兴奋啊。这些年发生了灾难性的变化，森林被破坏和焚烧，令我们对这颗星球的未来充满恐惧。

在黎明到来之前，这朵“月光花”永远闭合了。栖息地的鸟儿从岛屿上空飞过。一只鵎鵼（*Tucano*）出现在露水闪闪发光的树冠上。一只优雅的苍鹭正在捉鱼。我们迎来了又一个黎明。

▷ 维氏蛇鞭柱
（*Selenicereus wittii*）

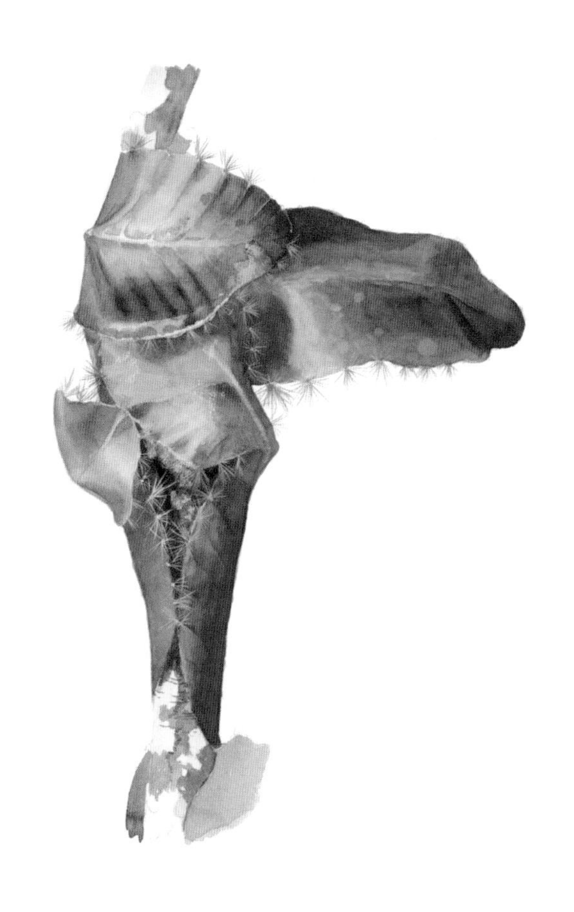

注释：

1 里约格朗德航空，简称 VARIG，是巴西历史上第一家航空公司，成立于 1927 年，总部位于巴西里约热内卢。

2 阿纳维利亚纳斯岔流（Paraná Anavilhanas），阿纳维利亚纳斯群岛之间的河道。

Margaret Mee
June 1988
Selenecereus wittii
Rio Negro, Amazonas

后记 | Epilogue

玛格丽特·米在亚马孙最后一次探险有一个特定的目标——寻找维氏蛇鞭柱，并画下它的花朵。这种植物的属名来自拉丁文单词“*selene*”，意思是月亮，因此也被称为月光花，因为它的花朵只在夜里绽放，而且只有短短的几个小时。它以采集者 N. H. 维特（N.H. Witt）的名字命名，他于二十世纪初生活在玛瑙斯，并把这种植物的样本送到欧洲鉴定。这种有趣的附生仙人掌的扁平茎秆缠绕着树木生长，看上去更像叶子，而它的花朵是长管状的，在其顶端开出白花。这种花朵有着不同寻常的形状与夜间开花的习惯，这说明它的授粉是由长口器的天蛾执行的。

在追寻月光花的旅程中，五月二十二日，玛格丽特在亚马孙庆祝了她的七十九岁生日。这仿佛在彰显她找到盛开的月光花的决心，以及庆祝她最后的成功一样。

月光花盛开的每一个阶段，她都完成了几幅杰出的画作。当时，关于维氏蛇鞭柱的转瞬即逝的花朵，她的系列画作是其在自然栖息地中唯一已知的图像。这套画作是她生前最后一个重要项目。

一九八八年秋天，玛格丽特回到英格兰，在皇家地理学会（Royal Geographical Society）发表了演讲，又在邱园皇家植物园（Royal Botanic Gardens, Kew）出席了她的画展——《玛格丽特·米的亚马孙》（*Margaret Mee's Amazon*）——的开幕式。她在植物艺术领域的先驱精神和首创工作获得了两个权威机构的认可。

◁ 维氏蛇鞭柱
（*Selenicereus wittii*）

具有讽刺意味的是，这位深爱亚马孙的探险者，曾无数次勇敢地面对危险和惊心动魄的场面，最后却在英格兰的一场车祸中丧生了。她时年七十九岁，仍然热切地准备重返亚马孙，仍然创作着杰出的作品。我们有一切理由相信，若没有这次意外，她本应继续燃烧着自己的激情，创作出更多的画作。即便如此，她留下的遗产也是无法估量的。

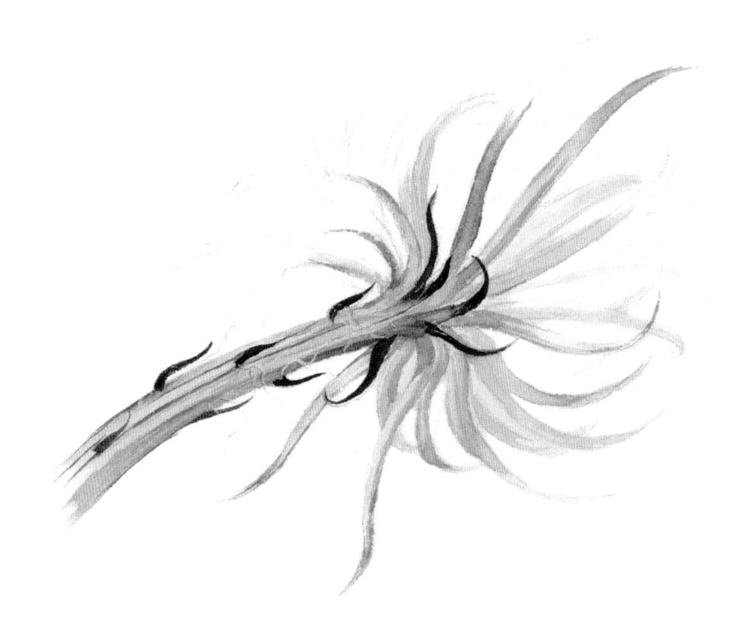

◁ 维氏蛇鞭柱

(*Selenicereus wittii*)

致谢 | Acknowledgements

我们衷心感谢邱园皇家植物园的工作人员与协作人员，他们为上一本书《玛格丽特·米的亚马孙》（*Margaret Mee's Amazon*）做出了杰出的贡献，而这一本书的素材便来自其中；尤为感激迈克尔·戴利（Michael Daly）、玛丽莲·沃德（Marilyn Ward）和露丝·斯蒂夫（Ruth Stiff）。西蒙·梅奥博士（Dr. Simon Mayo）、教授吉里安·普兰斯爵士（Professor Sir Ghillean T. Prance）、卡西奥·范登贝格博士（Dr. Cássio van den Berg）、格威利姆·刘易斯博士（Dr. Gwilym Lewis）和塞西莉亚·阿泽韦多（Cecília Azevedo）为本书提出了宝贵意见并确认了书中的动植物和地点，我们向他们致以诚挚的谢意。

我们从格雷维尔·米（Greville Mee）那里借到了玛格丽特的日记文本和大量手绘图谱，在此深表谢忱。

在所有图画和素描中，描绘鸟、鱼和其他动物的插图出自亚历山大·罗德里格斯·费雷拉（Alexandre Rodrigues Ferreira）的手笔，源于他的著作《哲学之旅》（*Viagem Filosofica, pelas capitanias do Grão Pará, Rio Negro, Mato Grosso e Cuibá, 1783—1792*），其余均由已故的玛格丽特·米亲手所绘，或是来自她名下拥有的财产。

有关照片的致谢

布赖恩·休厄尔（Brian Sewell）拍摄了第 198 页上的照片，特此致谢。

其他照片均由玛格丽特·米拍摄。

玛格丽特·米的所有绘画与草图均由邱园皇家植物园所提供，除第 201 页，由无敌考察队（Nonesuch Expeditions）提供。特此致谢。

词汇 | Glossary

A

Acacallis cyanea	美唇兰（阿卡卡里兰，阿卡兰，蓝花雨久兰）
Acacia	相思树属
Aechmea	尖萼凤梨属（大萼凤梨属，附生凤梨属，光萼凤梨属，光萼荷属，尖萼荷属，亮叶光萼荷属，蜻蜓凤梨属，珊瑚凤梨属，珊瑚属）
Aechmea chantinii	斑纹尖萼凤梨
Aechmea fernandae	费尔南尖萼凤梨（新拟）
Aechmea huebneri	哈布纳尖萼凤梨
Aechmea meeana	米氏尖萼凤梨
Aechmea mertensii	锥花尖萼凤梨
Aechmea polyantha	多花尖萼凤梨
Aechmea rodriguesiana	罗德古斯尖萼凤梨（新拟）
Aechmea setigera	火炬尖萼凤梨
Aechmea spruceii	斯氏尖萼凤梨（新拟）
Aechmea tillandsioides	长穗尖萼凤梨（紫凤光萼荷）
Aechmea tocantina	托坎尖萼凤梨
Aerococcus	气球菌属
Aganisia cerulea	深蓝雨娇兰（新拟）
Aganisia cyanea	蓝花雨娇兰
Ananas bracteatus	斑叶红凤梨（苞叶红凤梨）
Anthurium	花烛属
Apocynaceae	夹竹桃科
Aroid	天南星科植物

Assai palm	阿黛棕榈树

B

Bacaba palm	巴卡巴酒果椰
Bacuri tree	金油果
Banana palm	香蕉棕榈
Batemannia	巴氏兰属（巴特兰属，抱婴兰属）
Bignone	比格诺藤属
Bignonia	号角藤属
Bignoniaceae	紫葳科
Billbergia	水塔花属(比尔被亚属,比尔褒奇属,凤兰属,红苞凤梨属，芘尔贝属，水塔凤梨属，筒凤梨属，筒状凤梨属）
Billbergia decora	美饰水塔花（雅致水塔花）
Bombacaceae	木棉科
Bombax	木棉属
Brassavola	柏拉兰属
Brassavola martiana	马氏柏拉兰
Bromeliaceae	凤梨科
Bromeliad	凤梨科植物
Buriti palm	布里蒂棕榈树（湿地棕）

C

Cassia	决明属藤本
Catasetum	瓢唇兰属（龙须兰属）
Catasetum appendiculatum	髯毛瓢唇兰（髯毛龙须兰）

Catasetum barbatum	髯毛瓢唇兰（髯毛龙须兰）
Catasetum discolor	异色瓢唇兰（异色龙须兰）
Catasetum fimbriatum	流苏瓢唇兰（流苏龙须兰）
Catasetum galeritum	戴帽瓢唇兰（新拟）
Catasetum gnomus	侏儒瓢唇兰（新拟）
Catasetum macrocarpum	大果瓢唇兰（大果龙须兰）
Catasetum punctatum	点斑瓢唇兰（点斑龙须兰）
Catasetum saccatum	囊花瓢唇兰（囊花龙须兰）
Catasetum sp.	瓢唇兰属植物（龙须兰属植物）
Cattleya	卡特兰属（布袋兰属，嘉德利亚兰属，卡特利亚兰属）
Cattleya violacea	堇色卡特兰
Clowesia warczewitzii	瓦氏妖精兰
Clusia	书带木属
Clusia grandiflora (Apuí)	大花书带木
Clusia grandifolia	大叶书带木
Clusia nemorosa	林生书带木
Clusia palmicida	药用书带木（新拟）
Clusia sp.	书带木属植物
Clusia viscida	粘毛书带木
Cochleanthes amazonica	亚马孙贝唇兰（亚马孙匙花兰）
Coryanthes	吊桶兰属（科瑞安兰属，盔兰属，帽花兰属，头盔兰属）
Coryanthes albertinae	艾伯特吊桶兰（新拟）
Couroupita	炮弹树属（炮弹果属）
Couroupita guianensis	炮弹树

(Cannonball Tree, Cuia de Macaco, Monkey Cup tree)

Couroupita subsessilis 短梗炮弹树

Cupuaçú 大花可可（古布阿苏）

(Theobroma grandifloram)

Cyclamen 仙客来属

D

Dalechampia affinis 拟黄蓉花

Diacrium bicornatum 双角兰

Distictella 屈指藤属（小红钟藤属）

Distictella magnoliifolia 木兰叶屈指藤（木兰叶小红钟藤）

Distictella mansoana 蒜香藤叶屈指藤（新拟）

Drymonia 彩苞岩桐属

Drymonia coccinea 猩红彩苞岩桐

E

Embaúba 号角树

Encyclia 围柱兰属

Encyclia randii 兰特围柱兰（新拟）

Epidendrum 树兰属

Epidendrum ibaguense 血红树兰（攀缘兰）

Epidendrum fragrans 香花树兰

Epidendrum nocturnum 夜曲树兰

Erisma 落囊花属

Erisma calcaratum 距花落囊花（新拟）

(Blue Qualea)	
Eucharis amazonica	小花南美水仙

G

Galeandra	盔蕊兰属
Galeandra devoniana	德文郡盔蕊兰（新拟）
Galeandra dives	密花盔蕊兰（新拟）
Galeandra juncoides	灯心草叶盔蕊兰（新拟）
Galeandra sp.	盔蕊兰属植物
Gentian	龙胆属植物
Gesneriad	苦苣苔科植物
Golden ipé	黄花风铃木
Gongora	爪唇兰属
Gongora maculata	斑纹爪唇兰
Gongora quinquenervis	五脉爪唇兰
Guava	番石榴
Gustavia	莲玉蕊属（烈臭玉蕊属）
Gustavia augusta	高贵莲玉蕊
Gustavia pulchra	美丽莲玉蕊（新拟）
Gustavia superba	莲玉蕊
Guttiferae	藤黄科
Guzmania	星花凤梨属

H

Heliconia	蝎尾蕉属（海里康属，赫蕉属，火鹤花属）
Heliconia acuminata	尖苞蝎尾蕉

Heliconia adeliana	艾黛拉蝎尾蕉（新拟）
Heliconia chartacea	粉垂蝎尾蕉（醒狮蝎尾蕉）
Heliconia chartacea var. meeana	米氏粉垂蝎尾蕉
Heliconia glauca	灰绿蝎尾蕉
Heliconia sp.	蝎尾蕉属植物
Hevea brasilensis	橡胶树
Heterostemon	异蕊豆属（间蕊豆属）
Heterostemon ellipticus	椭圆叶异蕊豆
Heterostemon mimosoides	含羞草叶异蕊豆

I

Ionopsis utricularioides	南美堇兰（拟堇兰）
Ipé	钟花树，黄钟树
Itáuba	亚马孙热美樟

J

Jará palm	哈拉棕榈树
Jauarí palm	加瓦里棕榈树

K

Kapok	木棉

L

Laelia	蕾丽兰属
Laurel	月桂树

	Lecythid	玉蕊科植物
	Liana	藤本植物
	Loranthaceae	桑寄生科
M	*Macrolobium*	棉檀属
	Maranta	竹芋属
	Memora	羽姬藤属（腺萼紫葳属）
	Memora schomburgkii	熊氏羽姬藤
	Mimosa	含羞草，含羞草属植物
	Mistletoe	槲寄生
	Montrichardia arborescens (Aninga)	溪边芋
	Moonflower	月光花（月下美人）
	Mormodes amazonica	亚马孙旋柱兰
	Mormodes buccinator	弯号旋柱兰（新拟）
	Moss	苔藓
	Myrtaceae	桃金娘科
N	*Neoregelia*	彩叶凤梨属
	Neoregelia eleutheropetala	离瓣彩叶凤梨（粉心菠萝）
	Neoregelia leviana	利瓦伊彩叶凤梨（新拟）
	Neoregelia margaretae	玛格丽特彩叶凤梨
	Norantea	蜜瓶花属
	Norantea amazonica	亚马孙蜜瓶花

Nymphaea rudgeana	拉奇睡莲（新拟）

O

Oncidium	文心兰属（金蝶兰属，瘤瓣兰属）
Oncidium cebolletta	洋葱叶文心兰（新拟）
Oncidium lanceanum	兰欧文心兰
Oncidium sp.	文心兰属植物
Orchid	兰花
Orchidaceae Brasilensis	巴西兰科
Ouratea	番金莲木属（乌拉木属，奥里木属，赛金莲木属）
Ouratea discophora	方环番金莲木（新拟）

P

Pau d'arco	紫花风铃木
Pau roxo	紫心苏木
Pau rosa	红铁木豆
Philodendron	喜林芋属
Philodendron arcuatum	短苞喜林芋（新拟）
Philodendron brevispathum	短苞喜林芋
Philodendron melinonii	明脉喜林芋
Philodendron solimoesense	索里芒斯喜林芋（新拟）
Phyllocacti (Phyllocactus, Epiphyllum)	昙花属
Phryganocydia corymbosa	伞花号角藤
Pitcairnia	艳红凤梨属（翠凤草属，比氏凤梨属，短茎

		凤梨属，皮开儿属，皮开尼属，匹氏凤梨属，穗花凤梨属，穗花属）
	Pitcairnia caricifolia	线叶艳红凤梨（新拟）
	Pitcairnia uaupensis	禾叶艳红凤梨（新拟）
	Pitcairnia sprucei	斯氏艳红凤梨（新拟）
	Pseudobombax	番木棉属（假木棉属）
	Pseudobombax munguba (Bombax munguba, Munguba)	沼地番木棉（新拟）
	Pseudobombax sp.	番木棉属植物
	Psittacanthus	鹦花寄生属（鹦鹉刺属）
	Psittacanthus cinctus	环饰鹦花寄生（新拟）
Q	*Qualea*	木豆蔻属
	Qualea ingens	巨花木豆蔻（新拟）
	Qualea suprema (= Erisma calcaratum)	距花木豆蔻（新拟）
R	*Rapatea*	泽蔺花属(偏穗草属,雷巴第属,瑞碑题雅属）
	Rapatea paludosa	泽蔺花
	Rapateaceae	泽蔺花科
	Red Bombax	红木棉
	Red Cedar	红杉树
	Rodriguezia	套距兰属（凹萼兰属）
	Rodriguesia secunda	偏花套距兰

	Rodriguezia lanceolate	披针叶套距兰
	Rudolfiella aurantiaca	橘黄鲁道兰（橙红金猫兰）
S	*Sapopema*	板状盘根
	Sapucaia	猴钵树
	Schomburgkia	香蕉兰属植物
	Schomburgkia crispa (= *Laelia marginata*)	具缘蕾丽兰
	Scuticaria	鞭叶兰属（鞭兰属）
	Scuticaria steelii	斯氏鞭叶兰（斯氏鞭兰）
	Selenicereus	蛇鞭柱属（大轮柱属，神堂属，天轮柱属，月光掌属，月光柱属）
	Selenicereus wittii	维氏蛇鞭柱
	Strophocactus	百足柱属
	Strophocactus wittii	维氏百足柱
	Solandra	金杯藤属
	Sobralia	折叶兰属（箬叶兰属）
	Sobralia macrophylla	大叶折叶兰（大叶箬叶兰）
	Sobralia margaretae	玛格丽特折叶兰（玛格丽特箬叶兰）
	Spindleberry	卫矛果
	Stanhopea	奇唇兰属
	Strangler	绞杀植物
	Streptocalyx	扭萼凤梨属(塔花凤梨属,塔花属,旋萼花属）
	Streptocalyx longifolius	长叶扭萼凤梨
	Streptocalyx poeppigii	波皮格氏扭萼凤梨

	Strychnos	马钱属
	Sumaúma	木棉树
	Swartzia	铁木豆属
	Swartzia grandifolia	大叶铁木豆
	Symphonia globulifera	小球合声木
T	*Theobroma grandifloram*	大花可可
	Tillandsia	铁兰属（花凤梨属，第伦丝属，第伦斯属，空气凤梨属，木柄凤梨属，悌兰德细亚属，紫凤梨属，紫花凤梨属）
	Tillandsia paraensis	帕拉铁兰
	Tillandsia sp.	铁兰属植物
U	*Urospatha sagittifolia*	箭叶尾苞芋
V	*Verbena*	马鞭草属
	Victoria amazonica (= *Victoria regia*)	王莲
	Vine	藤本植物，攀缘植物
	Vitex	牡荆属
	Vriesea heliconioides	蝎尾蕉丽穗凤梨（蝎尾丽穗凤梨）

W

Water cactus	水生仙人掌

Z

Zygosepalum	接萼兰属（对萼兰属）
Zygosepalum labiosum	大唇接萼兰

▷ 大叶书带木
（*Clusia grandifolia*）

植物插图索引 | Index of plant illustrations

图书在版编目（CIP）数据

森林之花：玛格丽特·米的植物学笔记 /（英）玛格丽特·米（Margaret Mee）著；（英）李永学 译.
— 长沙：湖南美术出版社，2021.9
ISBN 978-7-5356-9489-8

Ⅰ.①森… Ⅱ.①玛… ②李… Ⅲ.①植物－图集 Ⅳ.
① Q94-64

中国版本图书馆 CIP 数据核字（2021）第 106737 号

著作权合同登记号：18-2019-009

森林之花：玛格丽特·米的植物学笔记

SENLIN ZHI HUA: MAGELITE MI DE ZHIWUXUE BIJI

［英］玛格丽特·米 著　［英］李永学 译

出版人　黄 啸
出品人　陈 垦
出品方　中南出版传媒集团股份有限公司
上海浦睿文化传播有限公司
上海市静安区万航渡路 888 号开开大厦 15 层 A 座（200042）
责任编辑　王管坤
美术编辑　祝小慧
责任印制　王 磊
出版发行　湖南美术出版社
长沙市雨花区东二环一段 622 号（410016）
网　址　www.arts-press.com
经　销　湖南省新华书店
印　刷　深圳市福圣印刷有限公司
开　本　889mm×1194mm 1/16
印　张　15
字　数　85 千
版　次　2021 年 9 月第 1 版
印　次　2023 年 4 月第 6 次印刷
书　号　ISBN 978-7-5356-9489-8
定　价　128.00 元

如有倒装、破损、少页等印装质量问题，请联系出品方，电话：021-60455819

出 品 人：陈　垦
策 划 人：杨静怡
出版统筹：戴　涛
监　　制：余　西
编　　辑：杨静怡
特约审稿：寿海洋　林秀莲
装帧设计：祝小慧

欢迎出版合作，请邮件联系：insight@prshanghai.com
新浪微博：@浦睿文化